未小读
UnRead Kids

DK职业探秘百科系列

时尚设计师

〔美〕莱斯利·韦尔 著　〔美〕蒂基·帕皮尔 绘　刘宣谷 译

海豚出版社
DOLPHIN BOOKS
CIPG 中国国际出版集团

DK Penguin Random House

图书在版编目（CIP）数据

时尚设计师 /（美）莱斯利·韦尔著；（美）蒂基·帕皮尔绘；刘宣谷译 . -- 北京：海豚出版社，2021.6
（DK 职业探秘百科系列）
ISBN 978-7-5110-5523-1

Ⅰ . ①时… Ⅱ . ①莱… ②蒂… ③刘… Ⅲ . ①服装设计－少儿读物 Ⅳ . ① TS941.2-49

中国版本图书馆 CIP 数据核字 (2021) 第 070459 号

Original Title: How To Be A Fashion Designer

北京市版权局著作权合同登记号 图字：01-2021-1311 号

DK职业探秘百科系列：时尚设计师

〔美〕莱斯利·韦尔 著
〔美〕蒂基·帕皮尔 绘
刘宣谷 译

出 版 人 王 磊
选题策划 联合天际
责任编辑 张国良 白 云
审 读 隋宜达
特约编辑 徐耀华
封面设计 史木春
美术编辑 梁全新 浦江悦
责任印刷 于浩杰 蔡 丽
法律顾问 中咨律师事务所 殷斌律师

出 版 海豚出版社
社 址 北京市西城区百万庄大街24号 邮编：100037
电 话 010-68996147（总编室） 010-52435752（销售）
发 行 未读（天津）文化传媒有限公司
印 刷 当纳利（广东）印务有限公司
开 本 16开（889mm×1194mm）
印 张 6
字 数 50千
印 数 1-10000
版 次 2021年6月第1版 2021年6月第1次印刷
标准书号 ISBN 978-7-5110-5523-1
定 价 88.00元

未小读 UnRead Kids 和世界一起长大

未读 CLUB
会员服务平台

本书若有质量问题，
请与本公司图书销售中心联系调换
电话：(010) 52435752

目录 contents

4 致未来的时尚设计师们
6 工具
8 一起来做情绪板
10 色彩
12 欢乐嘉年华
14 你选哪个调色板？
16 冰染上衣
18 找啊找啊找风格
20 走进图案世界
22 印出个独一无二
24 “包”罗万象
26 廓形
28 盛装准备，去派对！
30 爱上牛仔布
32 设计牛仔布
34 足上风景线
36 海滩之上好时光
38 时髦太阳镜

40 神游天外

42 先看看衣柜再说吧

44 拥抱大自然

46 熊猫贴贴贴

48 你的亮点是什么?

50 面料质地

52 感觉棒棒哒

54 黑与白

56 时尚混搭

58 用音乐唤醒灵感

60 一闪一闪亮晶晶

62 生活多璀璨

64 珠光宝气趣中趣

66 “穿上”古埃及

68 捂严实才暖和

70 美妙一瞬

72 入梦乡

74 衬衫大救援

76 为自己设计一件T恤衫

78 为自己设计一条裤子

80 为自己设计一条半身裙

82 为自己设计一条项链

83 为自己设计一顶帽子

84 为自己设计一个包包

85 为自己设计一双鞋子

86 为自己设计一条连衣裙

88 为自己设计一套完美装扮

92 时尚设计师会说什么?

94 索引

96 致谢

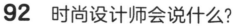

织织缝缝时，我爱用这个彩虹杯喝茶，感觉特开心！

你好，我是莱斯利。我的时间全都花在了写时装相关的书籍、教授缝纫课程，以及设计服饰上。

致未来的时尚设计师们

经典的黑白两色是我最喜欢的色彩组合。

这本书终于来到你手中了！我好兴奋，好激动。接下来它将带着你踏上一段通往时尚装扮的旅程！

这本书会帮助你学习与时装设计相关的诸多技能。想表达你的个性吗？时装会是一种很有意思的表达方式。在我看来，要是你能用时装来酣畅淋漓地表达自己，那么别的表达方式自然也就不在话下了。

阅读本书时，你还会了解如何成为一名造型师。设计师设计衣服，造型师则懂得搭配衣服。他们常常为拍摄活动挑选服装，以及为参加重要活动的人们设计穿搭。

最后，我还要提醒你很重要的一点：设计师需要关心服饰的环保问题。这本书会给你一些购买服饰的建议，还会启发你如何让旧衣物焕发新生机。

来吧，一同来享受这段时尚感满满的神奇旅程！

莱斯利

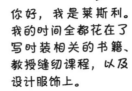

这是我的小猫，迈尔斯·韦尔。它很乐意帮我穿针引线，可结果往往是把线弄得乱成一团！它的理想可是成为世界上第一只猫咪超模！

挑战自己！

书中标有星星的位置，会有我留给你的关于设计或造型方面的小小挑战。别担心你做不到，也别担心会犯错误。去挑战不那么容易的事情，反倒会收获不少呢。这会让你变得越发有创造力！

调色板

调色板就是在设计时用到的某一组颜色。比如这个调色板，就是我眼下最喜欢的一组颜色。

我喜欢在设计和缝纫的时候欣赏音乐！

画画

时尚设计师需要用图画来表达自己的构思与想法。所以呢，你不妨每天都抽出一点儿时间来练习速写或素描——哪怕只画 10 分钟，也要坚持到底。书中从第 76 页开始有大片空白，你可以在上面画一画。

重要提示

看到我的这副标志性眼镜了吗？凡是书中标有它的位置，我都给了你一些提示，比如如何改善设计的小窍门，或者纯粹去做一些特别有意思的事。

动手去做

书中不乏非常棒的设计方案。如果你想在生活中实践时装创意，那么这些设计方案一定帮得上忙。

书中有些步骤，做之前需要征得大人的同意。此外，由于剪刀十分锋利，针也尖头尖脑的，剪裁和缝纫时一定要请大人来帮忙。

记住这三点！

☆ 时装设计是一门艺术，不存在“做不到”，也不存在“真难看”——只要去做就好，直到看上去感觉对劲儿了！

☆ 别着急。享受整个过程，看看你的设计方案最终会把你带到哪里去。

☆ 相信自己的想法，追随自己的直觉。

好啦，现在我们开始吧！

工具

在你动手完成书中活动的过程中，免不了要用到以下这些工具。无论是画图还是设计，这些物件都会跟各种面料欢聚一处，热热闹闹地助你一臂之力。除此之外，要是能给自己建一个“时装书籍图书馆”也不错，你可以随时从中汲取灵感。

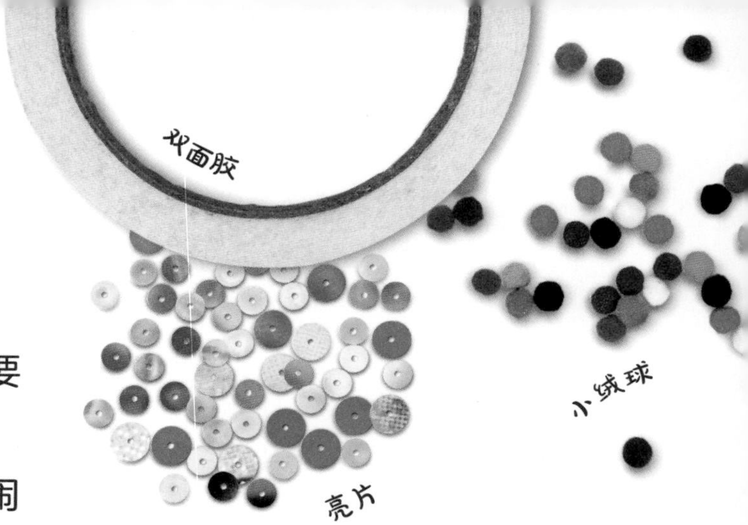

装饰

装饰的含义特别广，简单地说可以理解为“装点、美化”。比如一件衣服，用绒球或亮片简单装饰一下，就会呈现出完全不同的视觉效果。

和纸胶带是一种用纸做的胶带。我们可以用它来装饰服装，或装点情绪板（详见第8页）。

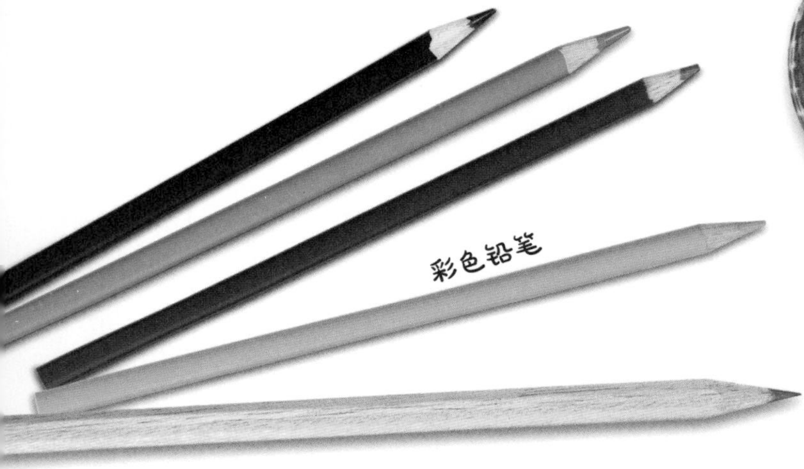

画画

画时装效果图相当有趣，要是能做到每天练习，相信你一定会画得越来越好！此外，你可以尝试用不同尺寸的速写本来画，然后给自己定下目标：最喜欢哪个本子，就一定要把它画满。

细头马克笔用于描画精致的细节，粗头马克笔则适合勾勒粗重的线条。

缝纫

你只需要一根针和线，就可以开始缝纫。当你的缝纫技术越来越熟练，你就可以将更多的东西添加到工具箱里。

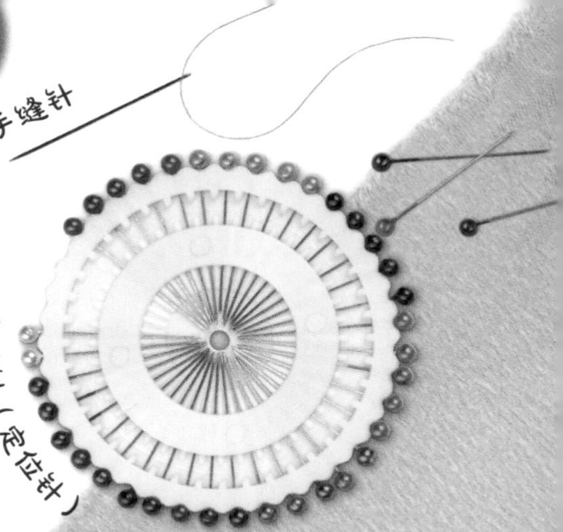

平缝针

平缝针是常见的一种针法。用平缝针缝纫时，运针一上一下，轨迹像波浪一样，在布料上来回穿插。

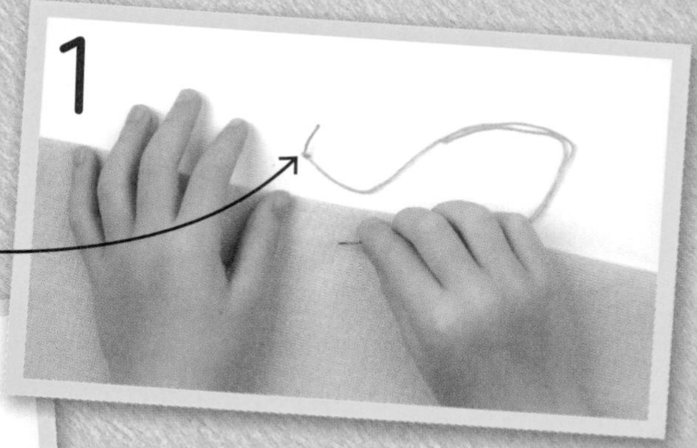

将线的一端穿进针眼，然后在线的另一端打个结。

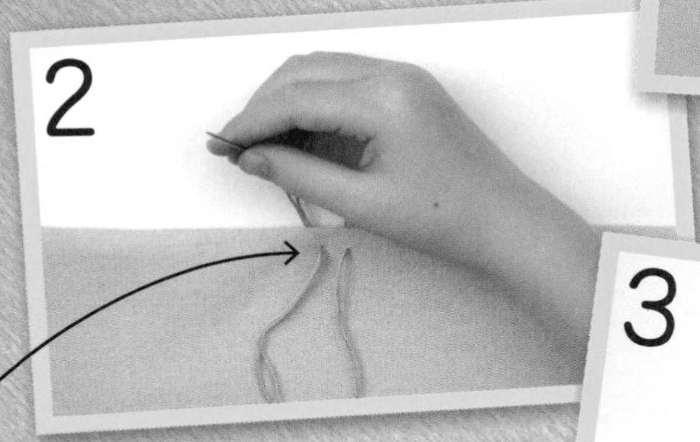

将针从布料背面刺入，然后拉动针线，直到线尾的结卡在入针处。然后将针回刺，穿过布面。

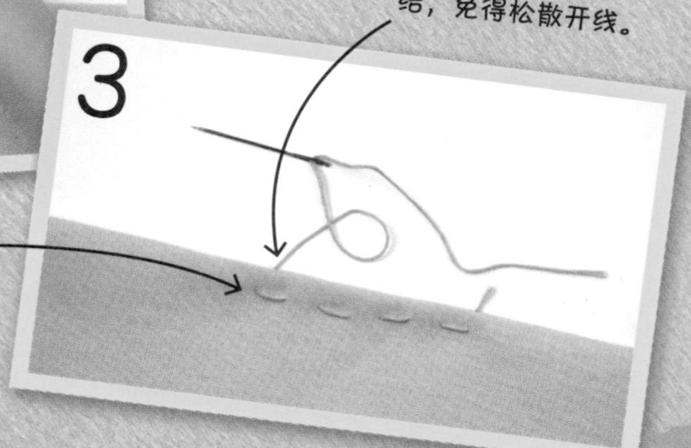

继续让针一上一下地穿过布料。线迹之间要保持等长的距离。

缝好后，在线上打个结，免得松散开线。

一起来做情绪板

那些能启发设计灵感的事物，我们不妨将其集中在一起，做成情绪板。时尚设计师很擅长用情绪板来表达自己的构思和理念。我们也可以试一试，用五颜六色的情绪板触发出新的时尚灵感。

找到灵感之源

看看周围有什么东西可以启发你的灵感。是从书、报刊等上面撕下的画，还是照片、贴纸、树叶或小布头？你可以用彩珠针把这些灵感之源别在公告板上，或者贴在硬纸板上，也可以在速写本里做一个迷你情绪板。

色彩

首先，回想一种你穿戴时喜欢用的颜色。接下来，按照这种颜色寻找能激发你灵感的东西，无论是照片还是纽扣，无论它们的色彩深浅，你能找到多少，就在情绪板上添加多少。

面料样品

用彩珠针把能启发你灵感的东西别到情绪板上。

下次去布料商店的时候，你可以收集一些面料样品。

主题

这些让人眼花缭乱的图片和物件是靠主题联系在了一起。主题可以是具体的实物，比如“可爱的小狗狗”；也可以是某种感觉，比如“快乐”。你也来试试看，做一个有主题的情绪板吧，把你的时尚感表达出来。

像补丁贴或发圈这样的小物件，也可以加到情绪板上。

凡是能让你想到情绪板的颜色或主题的东西，都值得多加留意。

手环

旧杂志上的图片

旧杂志上能带给你启发的语句

用设计表达你的心声

色彩

色彩是设计中最重要的元素，你身上穿戴的每一件服饰，都不可能脱离色彩而存在。每一套时装的设计过程中，设计师都会挑选出一些相配的色彩，组成色彩调色板。

蓝色系幽冷而静谧。它有很多种色调，从天蓝色到海军蓝都包含其中。

淡色

淡色色调柔和，有水洗感，能带来抚慰人心的宁静感觉，特别适合用在春装设计上。

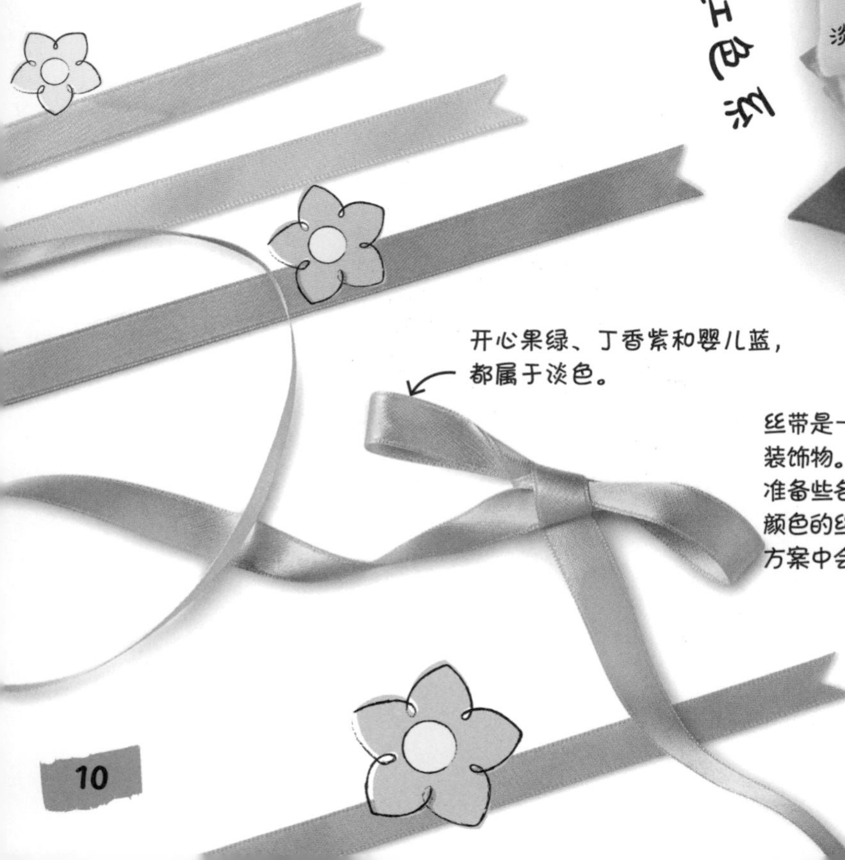

开心果绿、丁香紫和婴儿蓝，都属于淡色。

丝带是一种美妙的装饰物。你可以多准备些各种长度和颜色的丝带，设计方案中会用得到。

蓝色系与黑色
设计师爱黑色是因为它跟很多颜色都能搭得很好。
霓虹粉就是一种典型的亮色。
蓝绿色
颜色好似一种编码，有它帮忙分类，我们能轻易分辨出各种面料的质地和图案。
薄荷绿
向日葵黄
黄色系与绿色系
红色系、橙色系及黄色系的颜色温暖而明亮。

亮色

亮色鲜明而大胆，穿戴这种颜色的服饰不仅趣味十足，而且光彩照人。尤其是你将至少两种亮色服饰穿戴在身上时，更是如此。

重要提示

色环上位置相对的一组颜色，叫作互补色（对比色的一种）。两者搭配在一起时，会形成强烈而鲜明的视觉效果。来试试用互补色搭配出一套色块拼接的装扮吧！

色环

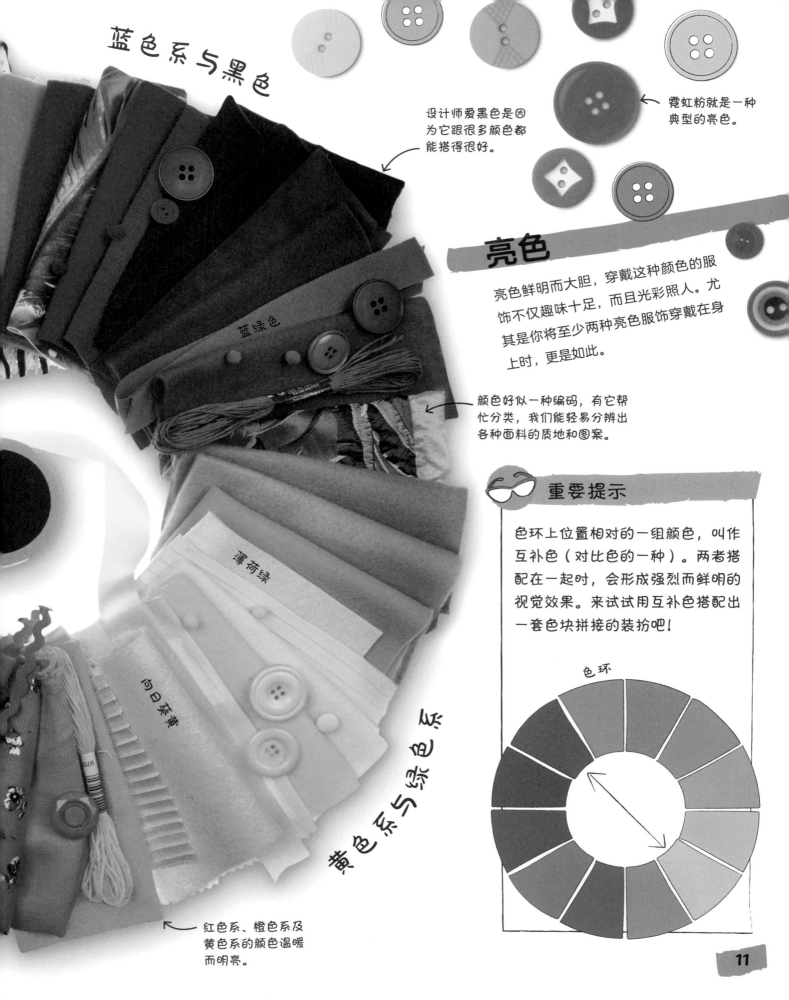

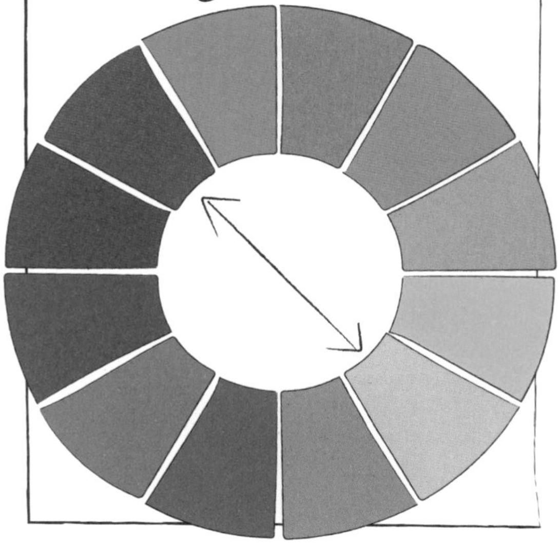

摩天轮

门票

气球

你可以根据气球的形状设计服装廓形，试着设计出气球状的袖子、连衣裙或是裤子。

彩旗

深紫色

绿色

蓝色

用嘉年华盛会的调色板，来做一个新的情绪板吧。

马戏团大帐篷上的红条纹

欢乐嘉年华

嘉年华盛会可以带给你源源不断的灵感。选一个与嘉年华相关的主题来设计服饰吧，比如快乐、光、星星、糖果或者霓虹灯。

棉花糖

在嘉年华盛会上，你可以从看到的、听到的、尝到的、闻到的一切东西中找寻灵感。比如这桶爆米花，你能从中汲取灵感，设计出一套装扮来吗？

爆米花

从大帐篷的颜色和条纹中寻找灵感。

马戏团大帐篷

化装舞会面具

用星星图案作为表演者的标志。

视觉效果

装扮上这身行头去参加嘉年华，一整天都会光彩照人！此时的你，不妨先把素净放一旁，让自己看上去像个大明星，闪闪发光！

彩旗图案装点着头巾。有了头巾的呵护，不管玩什么游乐项目，女孩的头发都不会被吹乱。

T恤衫上的可爱图案，灵感源自马戏团大帐篷上的经典红条纹。

怎样才能将光运用到自己的时装设计中呢？我们可以考虑反光材料、LED灯，或是夜光颜料。

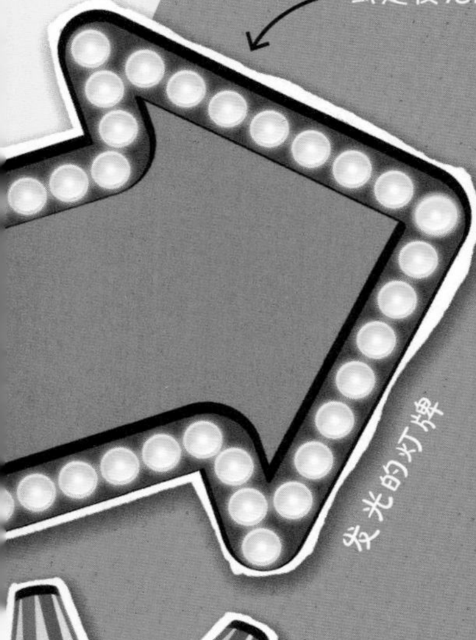

这只手镯的组成部件片片厚实，形状像游乐场的门票。

用铆钉或宝石设计一个形状，添加到这套装扮中。像这个女孩，她就喜欢亮晶晶的星星。

这身连体反脚裤一看就是为夏日准备的。你可以把裤脚翻过来向上卷到合适的位置，然后可以缝上几针加以固定，让你的反脚裤独具风格。

为马戏团的杂耍表演者设计一身既帅气又怪诞的行头吧！注意，每天穿戴起来不能太麻烦。

去嘉年华盛会必须穿一双舒服的鞋子。要是因为鞋子不合适害得脚疼，又怎么能玩得尽兴呢？

你选哪个调色板？

色彩是时装设计中最充满力量、最时尚的元素。不妨将这几套装扮多看上几遍，学习一下设计师的不同用色方法。然后选出最适合你的一组服装，用这组服装中的颜色给自己做一个调色板。

挑战自己

用你现有的服饰设计出三套风格各异的装扮：一套色块拼接的，一套色调柔和的，再来一套色彩极其张扬的。把每套穿搭铺放在床上或干净的地板上，如此端详一番，合适不合适当下一目了然。现在仅仅是你的初步搭配，在这个基础上，还可以更换单品，好让整体效果更加完美动人。别忘记穿搭装扮也包含鞋子（详见第34—35页）和包包（详见第24—25页）。

自信满满的色块拼接

搭配同色系的宣言项链，越发强化了整体视觉效果。
深色裤子适合用来打造色块拼接的装扮，因为它们会跟明亮而大胆的色彩形成鲜明对比。

色块拼接

各就各位，预备——色块拼起来！身上穿搭两种或两种以上的纯色服装，色块拼接的效果立刻就会在眼前呈现。色块拼接装扮其实并不难，只要将一两种亮色跟一种深色混搭就可以。

冰激凌色

用一个精巧发饰为这套装扮来个点睛之笔。

冰激凌形状构成了最基本的图案，颜色柔和清淡。

在一套装扮中，将淡色控制在两种便好，免得太过甜腻。

色彩拼撞

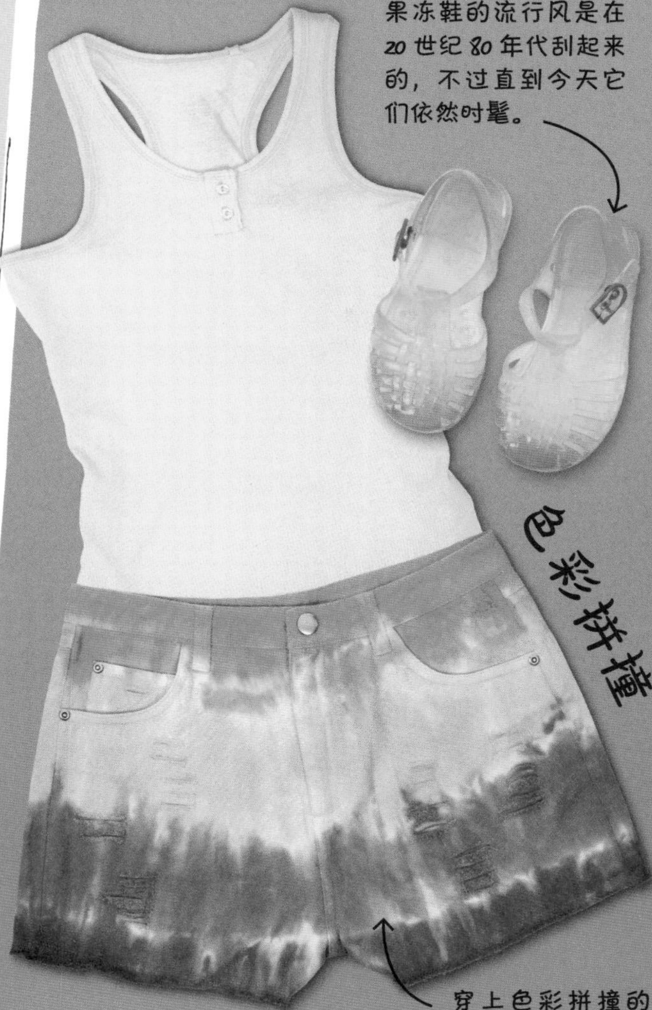

果冻鞋的流行风是在20世纪80年代刮起来的，不过直到今天它们依然时髦。

穿上色彩拼撞的短裤，同时借助一件纯色的上衣找准平衡。

背心

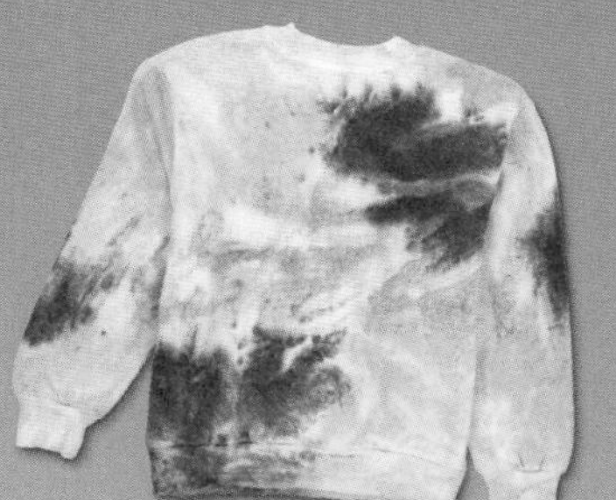

长袖运动衫

淡色

淡色色调柔和，有水洗感，是一种冰激凌色或幻梦般的色彩。不妨在穿搭中尝试一下粉色系、黄色系配婴儿蓝，用它们构成一组温柔的舒缓色调。

张扬的色彩

如果你想与众不同，就用色彩大爆发来放飞自我吧！对服装进行冰染加工是个好办法（详见第16—17页）。

动手去做

冰染上衣

必备材料

- 棉质上衣
- 沥干架
- 托盘
- 冰块
- 一次性手套
- 塑料勺子
- 粉末状的织物染料

给织物染色就如同让魔法般的奇迹真真切切发生在眼前！织物染色的方法多种多样，比如蜡染、扎染……这次我们来尝试比较容易上手的冰染，简简单单就能在织物上创作图案。

1 把上衣弄湿，揉成一团

把湿上衣放在托盘里的沥干架上。然后在衣服上盖满冰块。戴上一次性手套，用勺子把染料撒在冰块上。你用的染料越多，最后成品的色彩效果就越强烈。

用塑料勺子小心地把染料撒在冰块上。

冰块渐渐融化，上面的粉末状染料便随着它渗入上衣面料中。

2 静待冰块融化

就这样将上衣静置 6—8 个小时。等到冰块完全融化，戴上一次性手套，把上衣拿到水槽里，用凉水反复漂洗，直到水清为止。

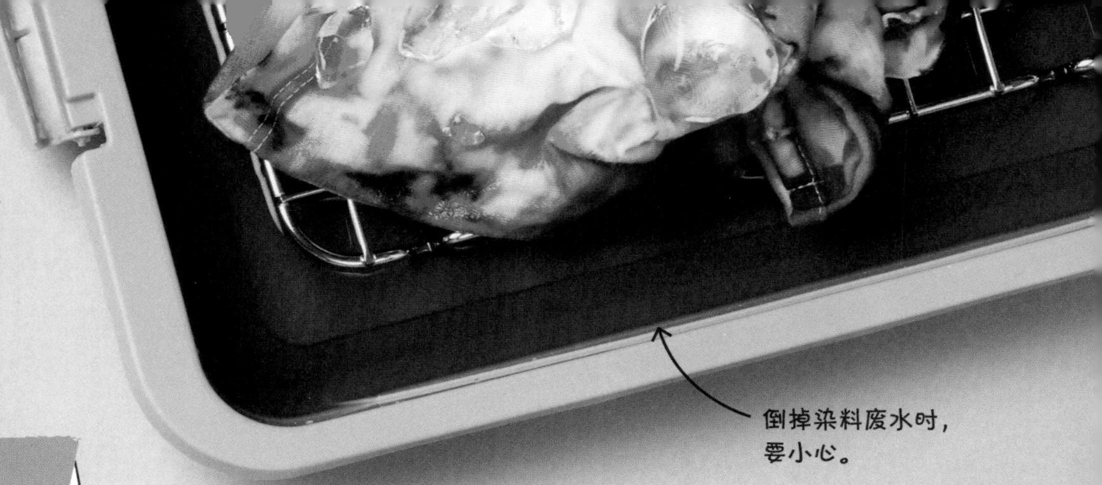

倒掉染料废水时，要小心。

重要提示

衣服的面料各不相同，一定要选用跟它相配的染料。比如，你的上衣是纯棉质地，那你就应该用适合自然织物的染料；如果是人造的合成面料，就要改成它专用的染料。

3 冰染上衣大功告成

把上衣放进洗衣机里单独洗涤，等到衣服干了，你就可以美美地穿上它了！下次你还可以把不同颜色的粉末状染料混合在一起，再撒到冰块上……你会创造出怎样斑斓的色彩？试试看！

成品响当当！

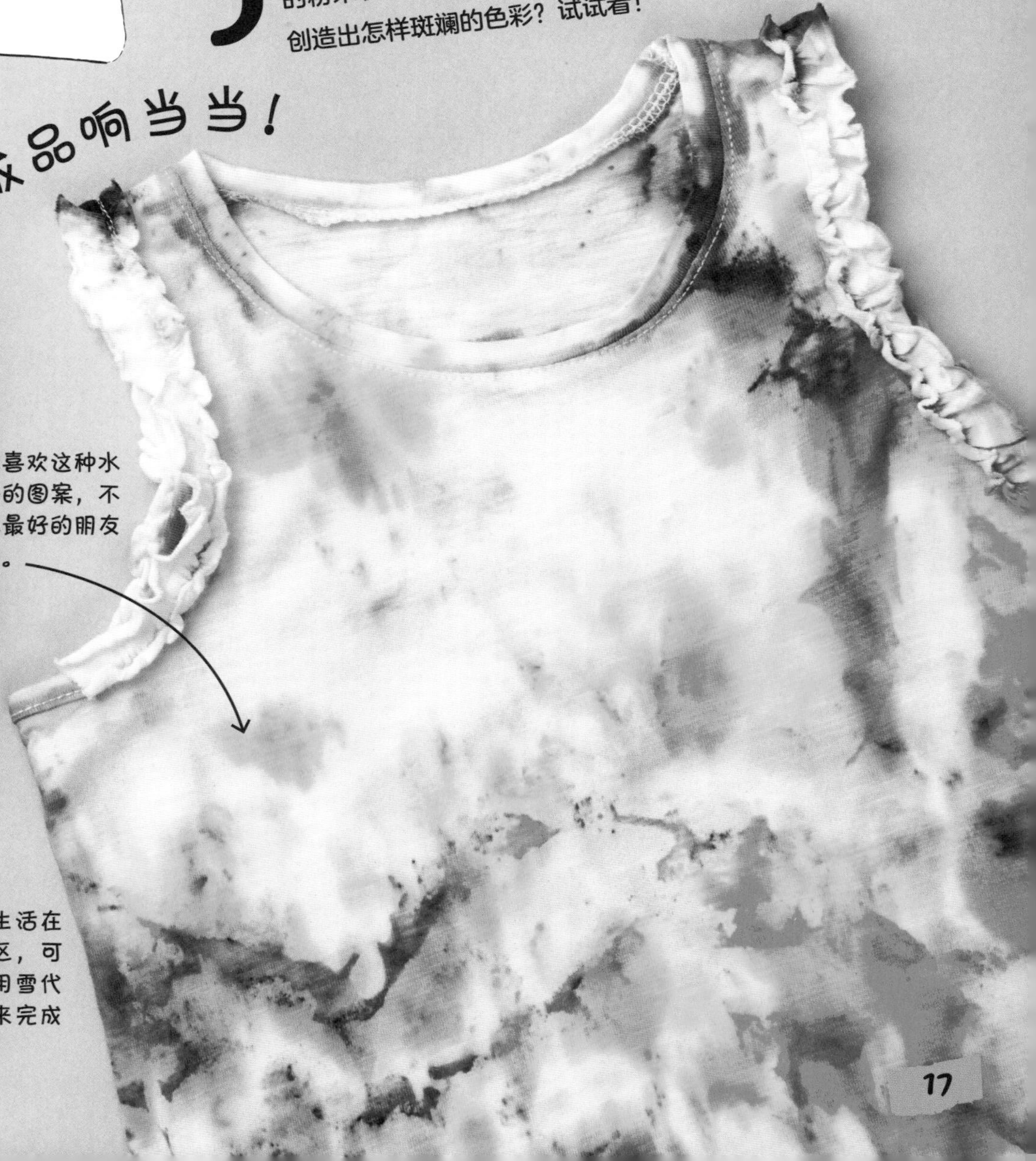

如果你喜欢这种水彩风格的图案，不妨给你最好的朋友做一件。

如果你生活在寒冷地区，可以试试用雪代替冰块来完成染色！

找啊找啊
找风格

你做的事有多少种，装扮风格就能呈现出多少种。你是喜欢跑步、读书，还是喜欢画画、唱歌？来试着为你的每项活动都设计一套装扮吧。这里展示的几种风格，你不妨都试一试，看哪种风格的装扮穿上身最舒服，或者干脆自己设计一套也不错。

休闲

这套波希米亚风格的装扮，画画、写作时可以穿，发明新菜谱时也可以穿——当然，穿上它们就在公园里溜达溜达也不错！

用这种结实质地的鞋子呈现“颓废风格”的感觉。

戴上漂亮的花朵配饰。

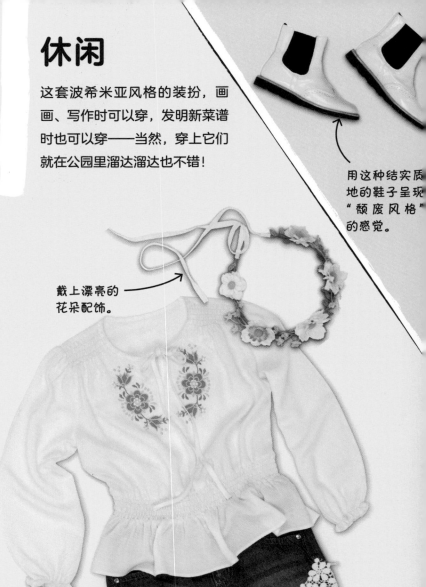

有光感的深色面料让人显得雍容华贵。

演出

这套装扮特别适合登台表演、走秀、跳舞，也很适合穿上它去观看音乐剧。

创造

选择这身装扮的你也许喜欢做幕后工作，或经常去野营。要是你穿上这身行头去滑冰、探险，或是投入到音乐创作中，那也会非常棒。

时尚界的“颓废风格”并非指颓废消沉，而是一种以简单随性的单品通过堆叠和丰富层次的方式，混搭出率性洒脱的装扮风格。

挑战自己

把你爱做的事情罗列在这个空白处。这些事情中一定流淌着你独特的个人风格，不妨将它们编成一个故事或者一首诗。

我爱……

唱歌、赛跑、跳舞、发明创造

烹饪、画画、游泳、网上聊天、探险

运动

这种穿搭既酷帅又实用，既适合去跑步、远足，又适合自行车骑行。穿上它，做其他户外运动也都没有违和感！

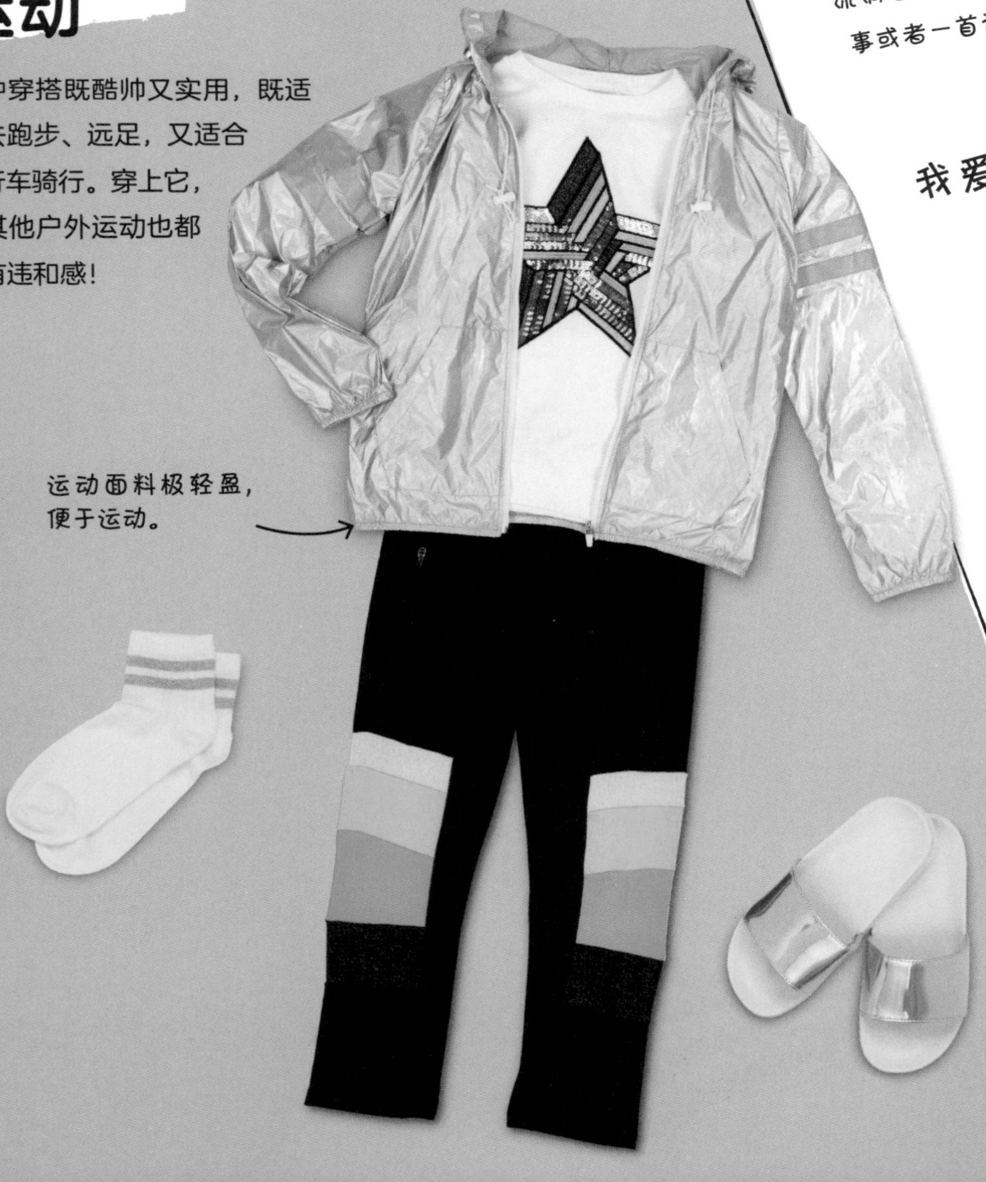

运动面料极轻盈，便于运动。

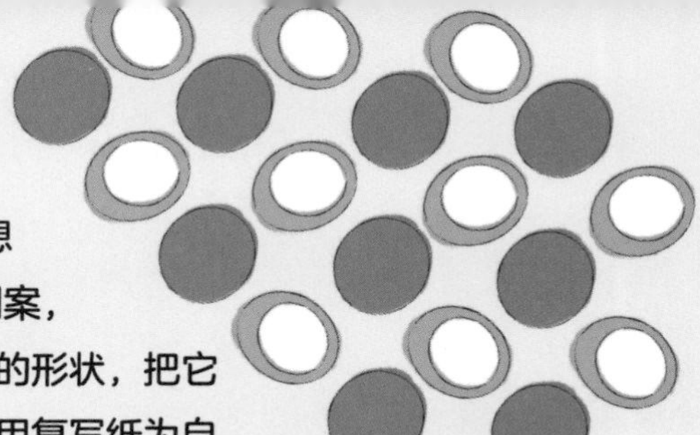

如果你想
自己设计图案，
可以先用纸剪出许多的形状，把它们在纸上粘牢后，利用复写纸为自己的 T 恤衫添加图案。

你能用这个调色板在速写本上设计出一套图案吗?

走进图案世界

时尚设计师在工作中经常会跟图案（也叫花纹）打交道。图案设计这门学问自成一家，设计者不但必须懂得跟色彩相关的各类知识，还得富有创造力。你可以尝试将图案用在自己的服装设计中，一定会起到立竿见影的效果。

这种起源于苏格兰的格纹是当地的一种传统图案。在 20 世纪 90 年代的颓废风潮中，也曾流行过。

新奇的图案自然会成为大家关注的焦点。

维希格纹，它是一种由两组线条构成的方格纹。

这种印花面料叫 toile。它在法语中是“布，织物”的意思。

视觉效果

这女孩很有自己的想法，即使是将各路花纹图案混合搭配在一起，她也敢于尝试！虽然图案之间存在冲撞，但相似的色彩巧妙地实现了一种平衡。

围上一条苏格兰格纹围巾。
穿上经典茧形的方格纹大衣来保暖。
腰间挂着小方包，尽显无拘无束的风格。
把衣兜上的方格纹适度旋转，这样更醒目。
印花裤子张扬而大胆。

华沙莓红
蓝绿色

重要提示

你没必要一味追求图案。不如试着给裤子来一块棋盘格补丁贴，或是套上一条条纹紧身裤，或是戴一顶波点冷帽，或是穿一件有花卉图案的夹克，也都是超棒的主意！

动手去做

印出个独一无二

试试在织物上印出酷炫的图案，来展示自己的艺术才华。你可以去工艺品商店买已经刻好的橡皮印章，也可以在家里就地取材，做一些属于自己的印章。

必备材料

- 用来印图案的东西：海绵或树叶，或是从商店买来的印章
- 纸张（用来测试印章效果）
- 织物墨水或织物颜料
- 素色棉布
- 熨斗
- 布料专用笔

1 制作印章

家里有很多东西都可以用来做印章。你可以把海绵块或纸板裁剪成任何形状来做印章，也可以把它们紧紧地卷起来，做成玫瑰花印章，或者你可以直接去商店买可爱的橡皮印章。

2 设计独家图案

印章做好后，要先将印章平稳地按压进墨水或颜料中，让墨水或颜料将它完全浸透。然后试一试在纸上盖几个图案，看看效果怎么样。耐心地观察、比对一下，找出自己最中意的印章图案。

试试不同颜色组合的效果如何。

艺术家的调色板一向五彩斑斓。
织物颜料

3 印出图案

现在，用印章在素色棉布上印出你设计的图案吧。注意，每次盖印时，都要先把印章平稳地按压进墨水或颜料中。印完后，让棉布自然风干。接下来，请大人帮忙用熨斗熨一下这块花布。注意，不要用蒸汽熨烫！

成品响当当！
用布料专用笔来给图案添加细节。
采集的叶子
为了呈现出最佳的压印效果，可以直接把颜料涂在叶片上，然后放在纸上按压。
树叶压印的图案
树叶压印的图案柔和、自然。
用瓶盖印出的圆。
大功告成后，用这块花布来做点儿酷酷的事吧！比如，做一条围巾。
橡皮印章印出的图案更精细。
印台

形态各异的包包

小荷包

用小荷包来装牙刷等物品很方便。

信封包

这只信封包的颜色红似火。你画的图可以存放在里面。

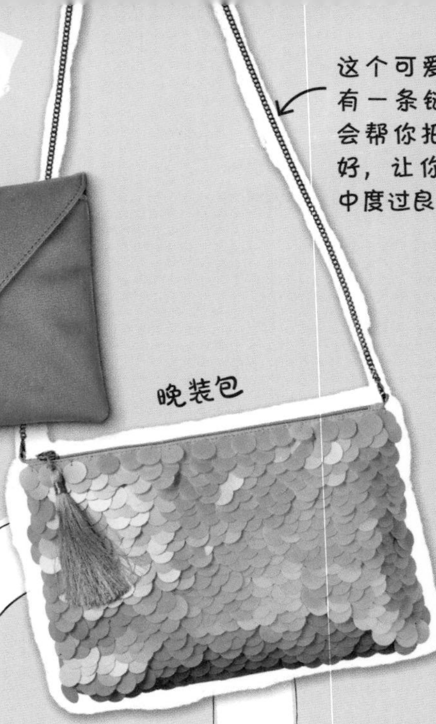

晚装包

这个可爱的包包有一条链带。它会帮你把物品收好，让你在欢舞中度过良宵！

小挎包上有这种穗儿（或者叫流苏）会增色不少。流苏小挎包有墨黑色的，有白似冰霜的，还有刺绣图案的，你都可以背来试一试。

趣味异形包

有的包包，设计时会大胆借用水果的外形——菠萝最是时尚的宠儿。

“包”罗万象

说到包包那可就太多了，从迷你包包到超大包包，各种各样。该选择哪款呢？这要看你打算用它携带什么东西。想想看，如果你正在度假旅行，背什么包包比较好呢？

闪闪发光的贝壳包彰显出你的格调。

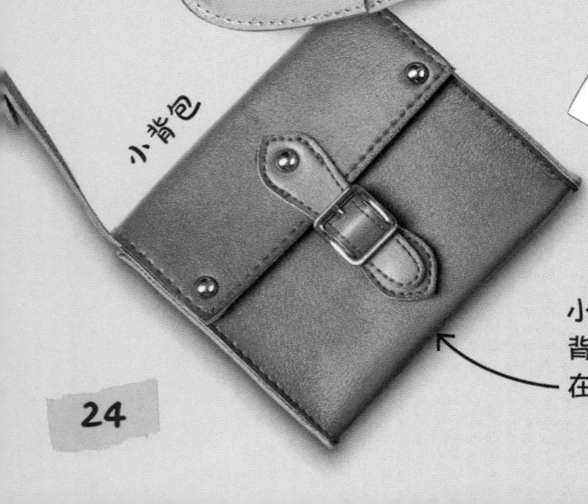

小背包

小背包可以单肩背，也可以斜挎在身上。

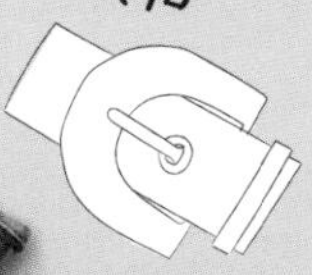

锁扣

绣花草编包是夏日里的一抹风景。

手提包

时尚设计师通常会有一个大包，里面装着他们的设计方案和工具。

视觉效果

这身装扮特别适合喜欢旅行的女孩——让她看起来像个探险家！整套穿搭费不了多少工夫，再把那只“可靠”的包包背上肩，她可以漫游天地间！

肩带跟包体的颜色两相映照。
连体衣穿起来很舒服，非常适合旅行。
既然是长途旅行，大容量的包包才实用。
至于护照、耳机、口香糖这些重要的小物件可以专门放在信封包里。

重要提示

你知道吗？有些设计师专门设计包包。你也像他们一样动动脑筋，自己设计一款包包吧！设计方案要注意兼顾包包的内外，像口袋、内衬图案，还有标牌等，记得都要设计出来。

廓形

一套服装上身后呈现的形状称为外轮廓线，在时装设计界也叫廓形。一套装扮中，上衣也好，裙或裤也好，一旦衣服的体积感增加了，就会生成新的廓形。颇具传奇色彩的时尚设计师可可·香奈儿始终认为，服装廓形应根据身体线条而定。看看右图中的这些服装的廓形，你同意她的观点吗？

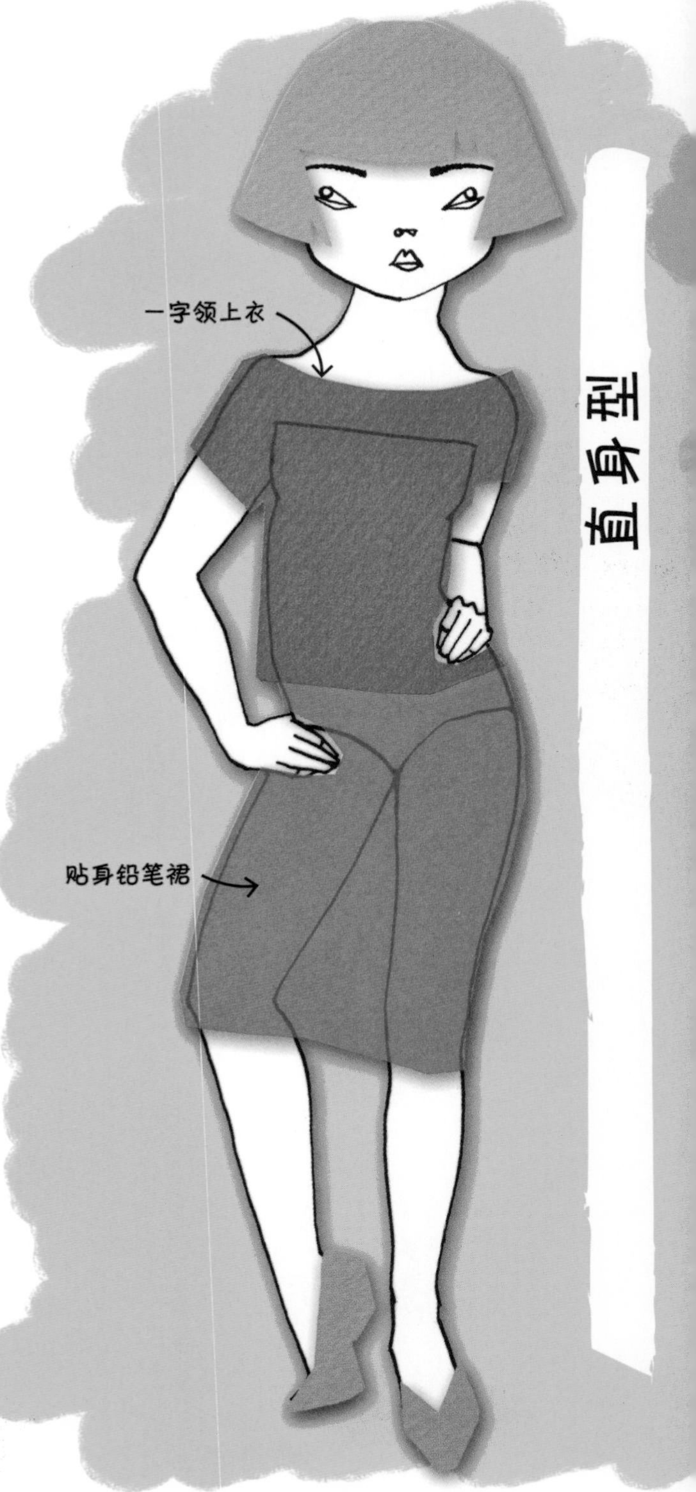

形状变变变

腰间是系腰带还是不系腰带，对装扮的整体视觉效果起着举足轻重的作用。从宽松的毛衣到简单的连衣裙，只用一条腰带就能营造出完全两样的廓形。

基本款的直筒连衣裙

借助腰带来收腰

保持平衡

用直身型来实现视觉上的平衡感。这种常见的廓形一方面能给人休闲放松的感觉，另一方面又可以借由面料的色彩和质地表现得张扬大胆。在 21 世纪初，这种廓形一度很流行。

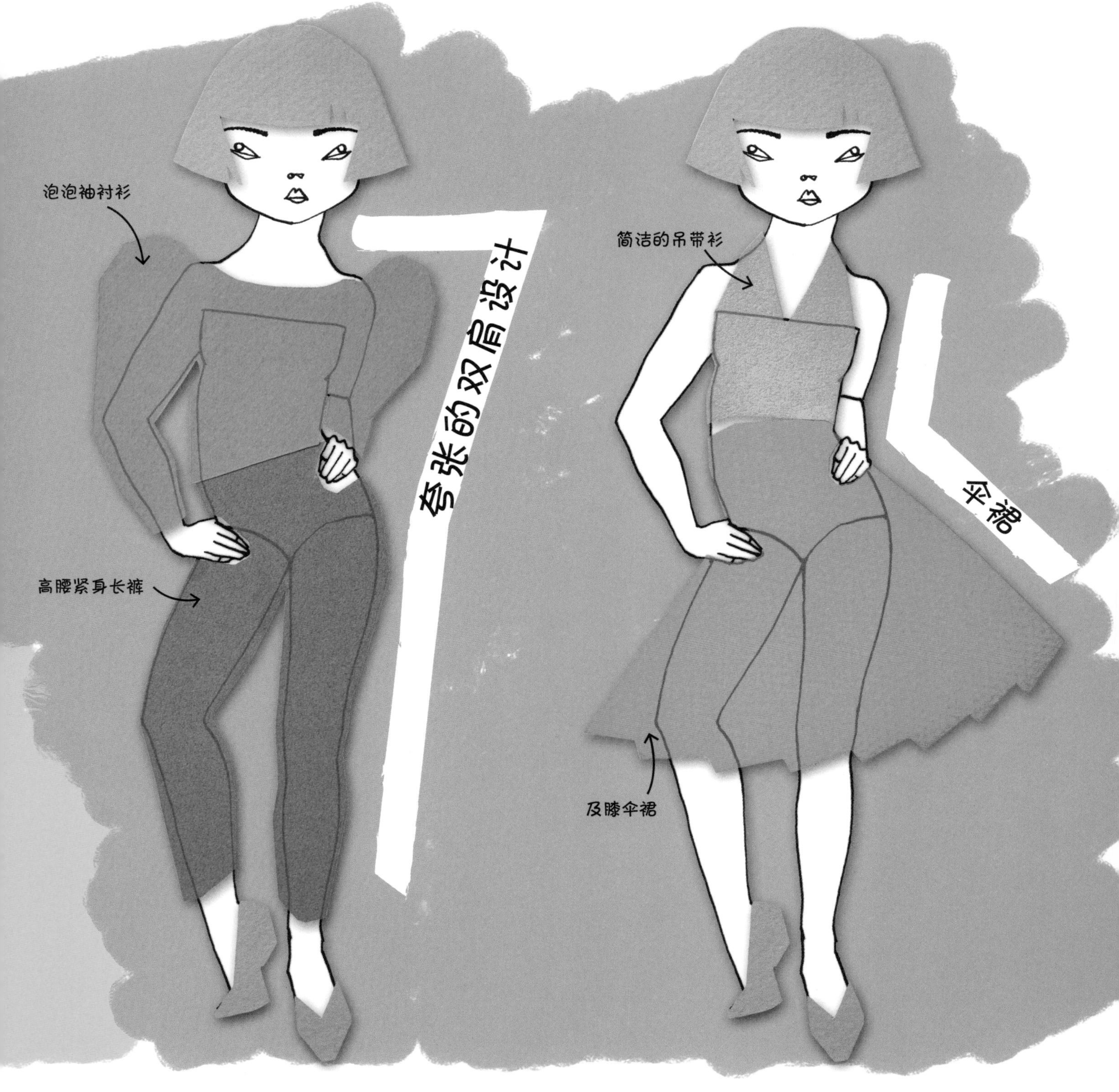

加大肩部设计

用大泡泡袖增加上衣的体积感，营造出吸睛而帅气的视觉效果。这种廓形在老式经典垫肩服装的基础上，实现了现代化的转变。在 20 世纪 80 年代到 90 年代，这种“头重脚轻”廓形的服装曾经风靡一时。

加宽裙摆

在这种廓形中，体积感全都加到了裙子上。这种蓬松的伞裙，由薄纱、棉布或其他沙沙作响的面料制成，裙子摆动时美极了！ 20 世纪 50 年代到 60 年代早期很流行这种廓形的时装。

气球
你可以将气球的这种亮色运用到服装设计中。什么面料跟它质感相仿呢？

彩带为派对场地增加了动感和色彩。
亮黄色
天蓝色
鲜橙色
你可以用欢庆场合中张扬色系的调色板设计一套派对服装。

盛装准备，去派对！

在派对上，大家欢聚一堂，一起共舞，每个人都可以展现出自己光彩夺目的一面。一年中开派对的机会很多，像是过生日，或是庆祝学年结束，每个季节都有值得开派对庆祝一番的事。所以，当你考虑该穿什么去参加派对时，不妨先在心里舞上一曲，转上几圈吧！这身让人眼前一亮的派对装扮，会给你带来什么好运呢？

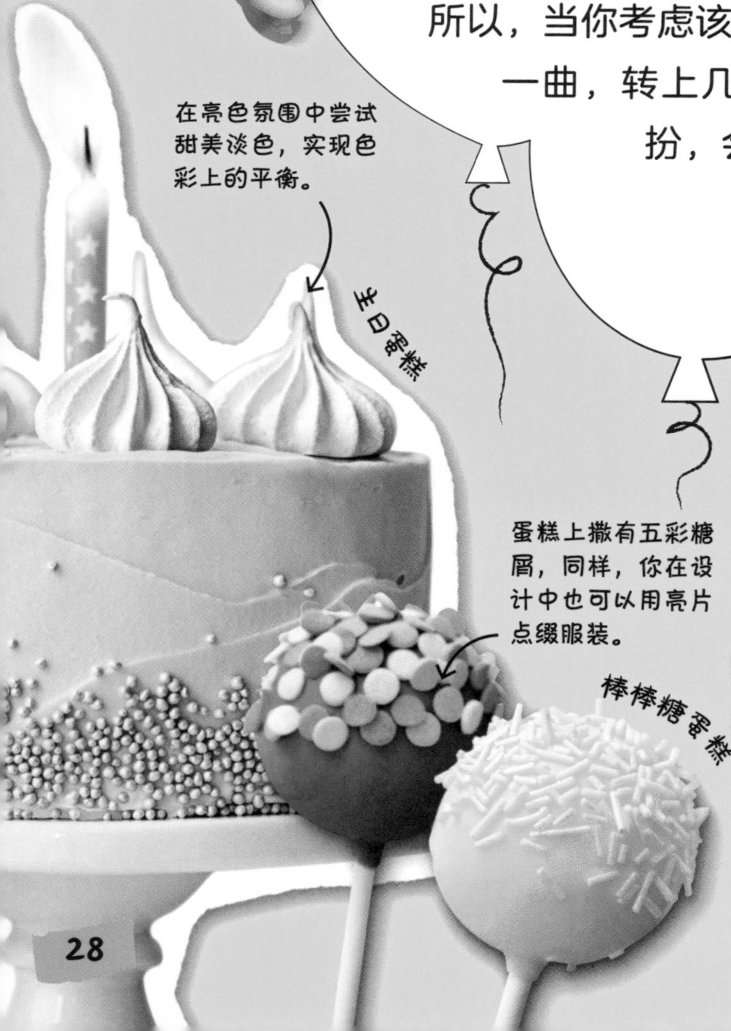

在亮色氛围中尝试甜美淡色，实现色彩上的平衡。
生日蛋糕
蛋糕上撒有五彩糖屑，同样，你在设计中也可以用亮片点缀服装。
棒棒糖蛋糕

从这些糖果中找出对比色系，然后用它们设计一个调色板。

不妨从礼品包装的吸睛色彩中汲取灵感，然后在你设计的服装上添加一个蝴蝶结。

视觉效果

想成为派对上不同凡响的那颗星吗？穿上这身令人难忘的时髦装扮吧！为了能让自己脱颖而出，这个女孩可谓使出了浑身解数。她像个时装超人一样思量着，今天是去参加艺术派对，还是去参加一场热热闹闹的迪斯科舞会？

薄荷绿

亮粉色

如果你想与众不同，不妨试试美妙的枝形吊灯耳坠。

你打算穿什么质地的派对服装？丝绸面料会散发出华贵柔美的光芒。

这个女孩的连衣裙上，装饰着硕大的天蓝色和黄色蝴蝶结，极具视觉张力。

给裙摆加上边饰后，看上去好像层层叠叠的生日蛋糕。

大块明亮的糖果色面料对派对来说再适合不过了！

爱上牛仔布

牛仔布是DIY最棒的面料。它足够结实，能被随心所欲地裁剪和装饰。找准你的风格，为自己设计一件牛仔夹克吧！或者挑战一下，试试你从没穿戴过的牛仔配饰！

一件夹克，三种翻新设计

你是如何完成一件夹克的翻新设计的？把你的做法记在速写本上，至少三步——这便是你的设计过程。一名成功的时尚设计师，做起事情来总是自有一套流程。要是你也能摸索出一套流程来，那就相当了不起了！

添加补丁贴

试试把补丁贴摆放在不同的位置。对，就用一下子飞到你脑中的那个设计方案！

有些补丁贴可以用熨斗熨烫在衣服上。你也可以把它们缝在衣服上，或是用安全别针别上。

是深色还是浅色？

我们描述牛仔布时，通常会说它是深色或浅色的。你不妨两种都试穿一下，看看自己更喜欢哪一种。

浅色牛仔布

深色牛仔布非常经典，配什么都合拍。

深色牛仔布

浅色牛仔布能将装饰物烘托得更加醒目。

牛仔布大集合

牛仔布是流行不衰的“常青树”，配什么风格都能恰到好处。你完成牛仔夹克的翻新后，再穿哪件跟它搭配呢？这里有一些选择，参考一下吧。

牛仔布背带裙

只剪下袖子还不算结束，你可以再给马甲的袖口磨磨边（详见第33页），让它的肩部更有质感。

剪掉袖子

如果夹克的袖子派不上用场，不妨将它们剪下来（先征得大人的同意）。牛仔夹克就这样变成了牛仔马甲，套在长袖上衣外面——非常时髦！

如果你打算手缝，就用平缝针缝得细密些吧（详见第7页）。

装饰背面

剪一块尺寸合适的布料，将它盖在夹克背面。然后手缝或借助机器把布料缝在夹克上。

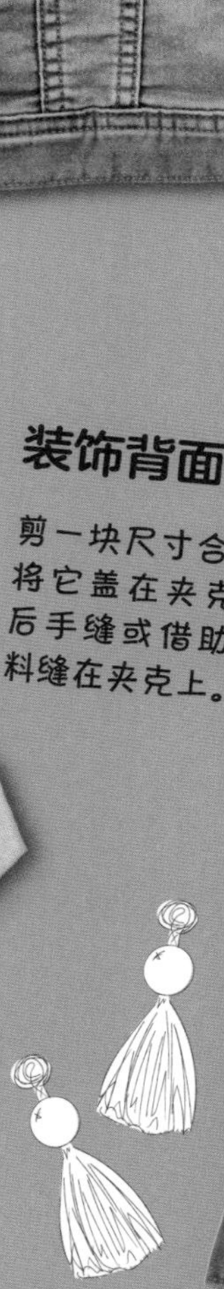

再缝上几个流苏为夹克锦上添花。

牛仔布包

如果是浅色背包，可以添加几块补丁贴。

牛仔布裙

鞋面上还有磨了边的蝴蝶结，为整套装扮加分不少。

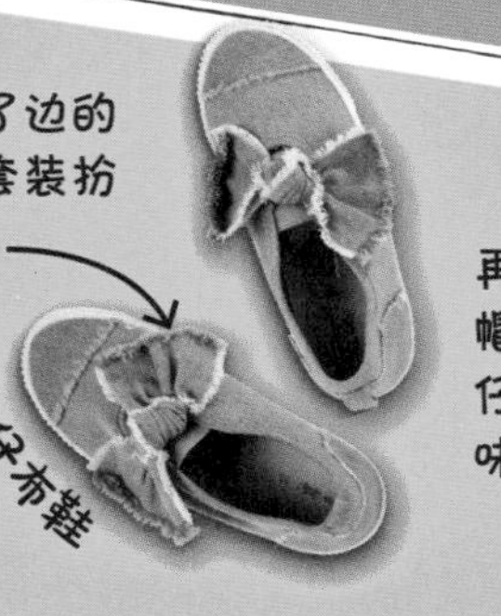

牛仔布鞋

再来顶牛仔布帽，一身的牛仔流行风，酷味十足。

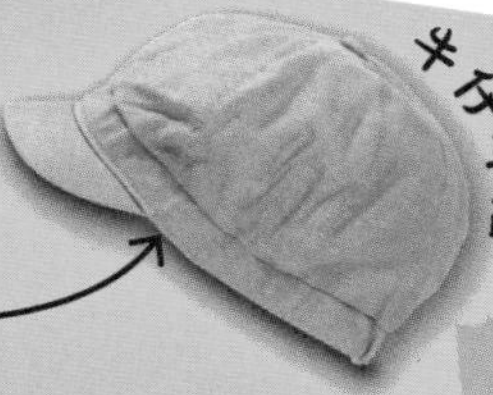

牛仔布帽

设计牛仔布

我们有必要花点时间重新对牛仔布做一番思考。牛仔布是一种结实的棉质面料，通常是蓝色的。从粗布工作服、裙子，到牛仔裤，设计所有类型的服装都可以用上它。接下来把需要用到的材料准备好，尽情发挥你的创造力吧！

必备材料

- 粉笔和铅笔
- 牛仔裤
- 剪刀
- 花布
- 针和线
- 织物颜料或布料专用笔
- 绒球花边

1 标记裤洞

用粉笔或铅笔在牛仔裤上画出你想要的形状。剪之前，最好先穿上牛仔裤试一试，以免剪错了位置。

2 缝上布块

用准备好的布块剪出和裤洞形状相同但尺寸稍大的布。然后把牛仔裤里面的布料外翻，用平缝针（详见第 7 页）将剪好的布缝到裤洞上盖住裤洞。

3 勾勒外形

用织物颜料或布料专用笔，在缝好的形状周围仔细描画，把它们的外形勾勒得更醒目。

有了牛仔布的映衬，裤洞处的光感布块或彩色布块越发斑斓夺目。

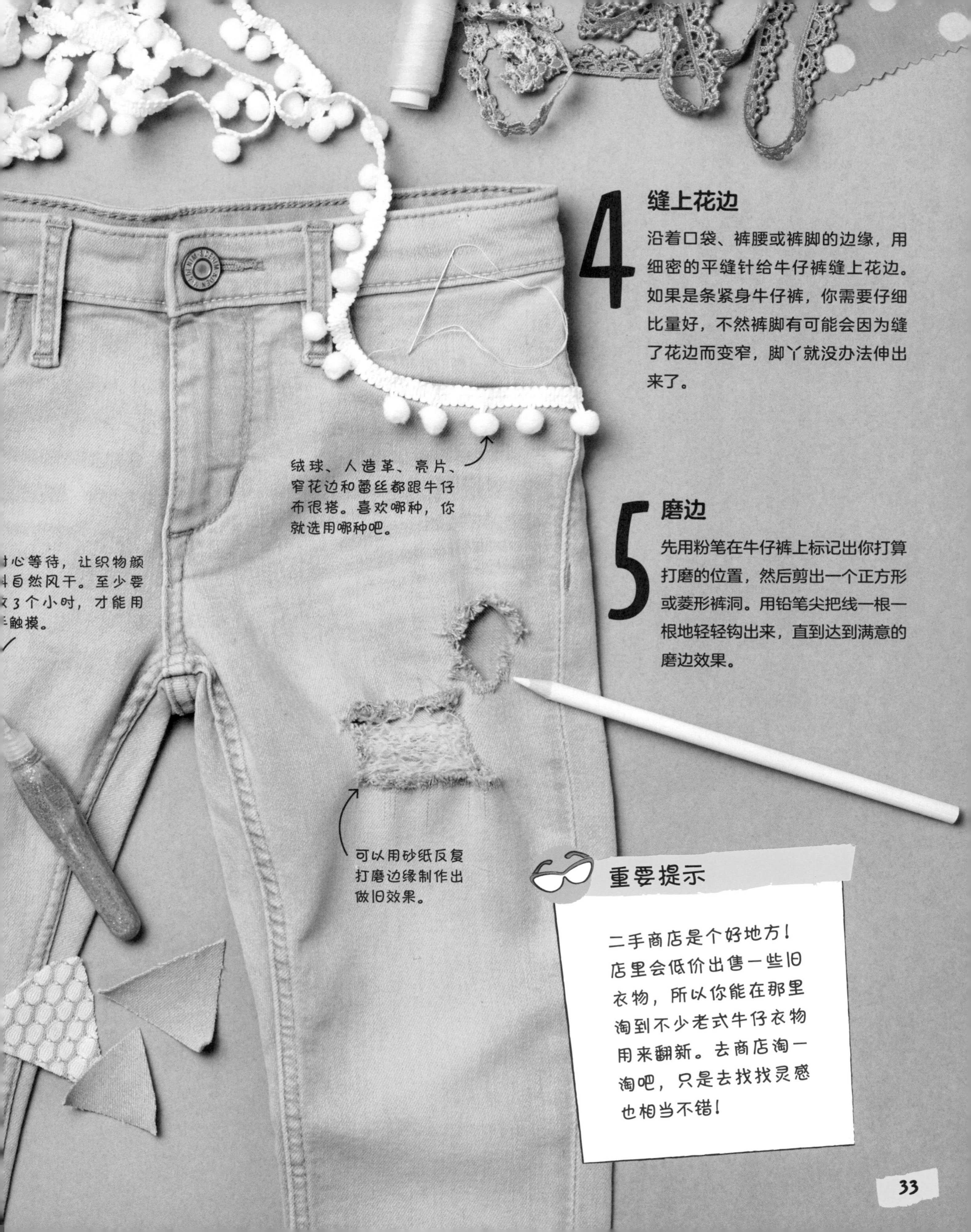
绒球、人造革、亮片、窄花边和蕾丝都跟牛仔布很搭。喜欢哪种，你就选用哪种吧。
心等待，让织物颜
自然风干。至少要
3个小时，才能用
触摸。
可以用砂纸反复打磨边缘制作出做旧效果。

4 缝上花边

沿着口袋、裤腰或裤脚的边缘，用细密的平缝针给牛仔裤缝上花边。如果是条紧身牛仔裤，你需要仔细比量好，不然裤脚有可能会因为缝了花边而变窄，脚丫就没办法伸出来了。

5 磨边

先用粉笔在牛仔裤上标记出你打算打磨的位置，然后剪出一个正方形或菱形裤洞。用铅笔尖把线一根一根地轻轻钩出来，直到达到满意的磨边效果。

重要提示

二手商店是个好地方！店里会低价出售一些旧衣物，所以你能在那里淘到不少老式牛仔衣物用来翻新。去商店淘一淘吧，只是去找找灵感也相当不错！

足上风景线

低头瞅瞅自己舒适又可爱的鞋子，你是不是满心欢喜？
好像两只小脚丫也正对你微笑！
来吧，一起来认识这些不同类型的鞋子。
你觉得哪一双最能彰显你的个人风格，
还能帮你去探索大千世界呢？

众多类型的鞋子

坡跟凉鞋

夏天给脚丫选“足底伴侣”时，不妨考虑下带跟和有小波点图案的凉鞋。

运动鞋

运动鞋的热潮始于20世纪80年代。如今，运动鞋已成为时装穿搭的日常组成部分之一。

系带靴

这种靴子几乎百搭，它们的橡胶鞋底穿起来非常舒适。

雨靴

“惠灵顿雨靴”最初由皮革制成，不过现在已改成用橡胶等制作。这样穿起来脚丫就干爽多了！

无带浅口芭蕾鞋

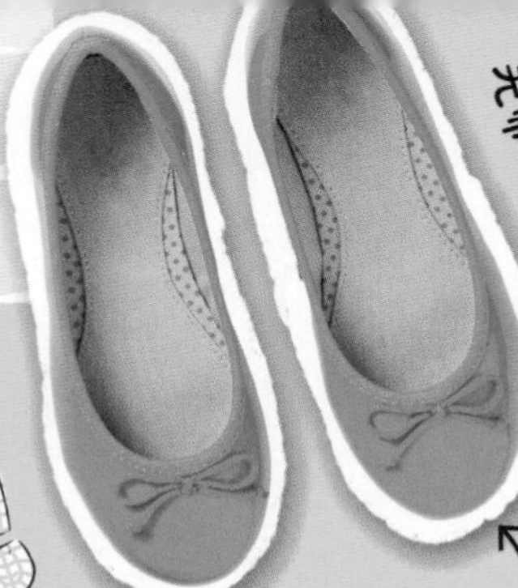

这种鞋子非常好穿，简直就是鞋子界的明星。

玛丽珍鞋

玛丽珍鞋上有根带子，穿起来更安全。

“一脚蹬”（乐福鞋）

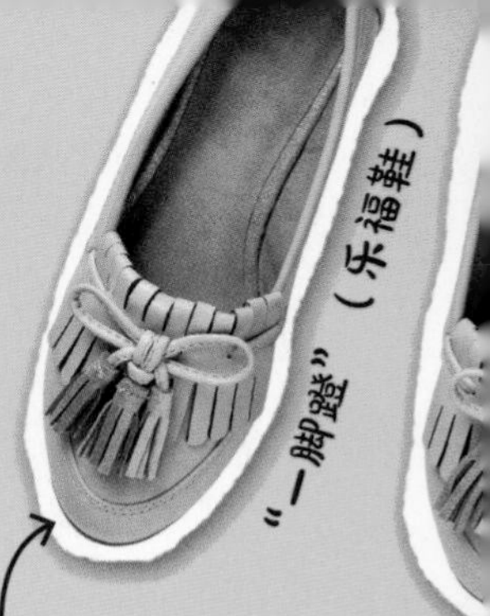

穿上宽松的裙子，再搭配双“一脚蹬”，自由随性的效果就出来了。

袜子配凉鞋是时尚感很强的装扮。等到了春天和秋天，试试及膝高的花纹袜子搭配凉鞋的穿法。

旱冰鞋的颜色和图案多种多样，足够搭配你的装扮。滑旱冰时要注意安全，开心地玩吧！

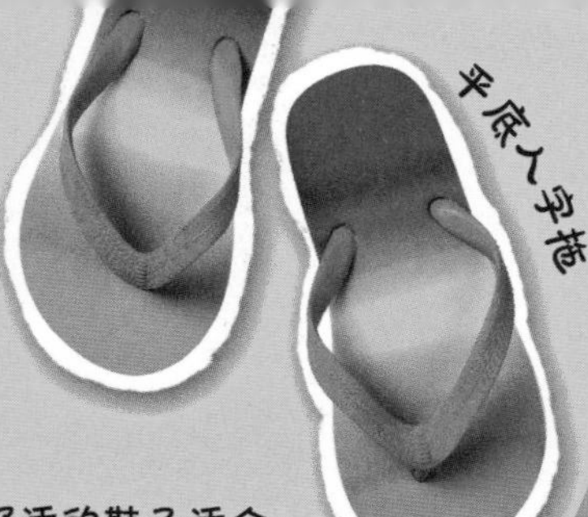

这种舒适的鞋子适合在沙滩上或游泳池边穿。注意缝纫或骑自行车时，千万不要穿着它！

重要提示

用彩纸把鞋盒装扮成“可爱盒子”吧，然后用它来盛放美术工具，还有那些能带给你灵感的东西。

视觉效果

女孩正准备穿这身装扮沿着街道走一走——舒适的系带靴、紧身裤，还有厚厚的宽松袜。真的，这套装扮棒极了！

彩虹紧身裤外再套上一双厚袜子，朋克又可爱。

这里可以考虑用甜美的丝缎鞋带。

手绘图案使系带靴呈现出崭新的面貌。

鞋带也可以换一换，来个简单升级。比如，可以换成丝缎鞋带或闪亮亮的鞋带，也可以试试色彩大胆张扬的鞋带。

橡胶鞋底特别棒，因为可以防滑。而且它们结实耐磨，穿很久都不会坏。

记得带上照相机或手机。拍摄有意思的风景，选出你最喜欢的照片添加到情绪板上。

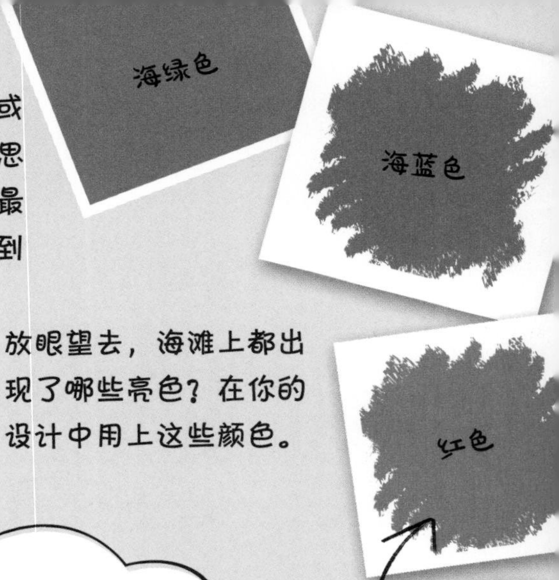

放眼望去，海滩上都出现了哪些亮色？在你的设计中用上这些颜色。

在海滩上时，可以把海浪的形状画在速写本上。

海滩之上好时光

去海边沙滩对你的感官来说无异于一次奇遇。
吹过肌肤的风、弥漫在空气中的咸味，
还有那令人心旷神怡的美景……
都能唤醒你的灵感，
让你设计出一套独一无二的海滩装扮。

绳子可以用在包包、手链或是其他配饰上。

条纹贝壳

任何装扮用上珊瑚那醒目的色彩，都会变得熠熠生辉。

收集鹅卵石

沙黄色
瞧，冰激凌的螺旋里有花纹，华夫甜筒上也有花纹。

女孩火红的头发上，戴着用贝壳和珠子做成的头饰。
遮阳伞呵护着女孩的娇嫩肌肤。它是热带海洋般的蓝绿色！
华美的珊瑚色塑料项链。
棉质上衣轻盈、透气性极佳。
用绳子编成的手链。
荷叶边借鉴自涌动的波浪。
粉红色鞋带是受了树莓旋涡冰激凌的启发。

视觉效果

这套装扮的灵感源自大海——海之色、海之形，还有那些沙滩上找得见的小东西。头饰精美绝伦，提升了整套装扮的格调。

做个钟爱石头的明星吧！从海滩上鹅卵石的色彩和触感中吸取灵感。

挑战自己

为自己精心设计一套海滩装扮吧——泳装、毛巾、包包和帽子的色彩和图案都要搭配好。还要记得带一块跟你的装扮相配的沙滩布，好在上面休息、阅读。

时髦太阳镜

必备材料

- ☆ 太阳镜
- ☆ 扭扭棒
- ☆ 和纸胶带
- ☆ 强力胶和透明指甲油
- ☆ 珠宝和珠光粉

太阳镜不但能保护你的双眸，还会让你的整套装扮融为一体。想拥有一副前卫的太阳镜吗？很简单，而且根本不用花零用钱就能实现！来吧，用日常用品精心制作一番！你会成为众人的焦点——光是你的猫眼形太阳镜，就够他们注目很久！

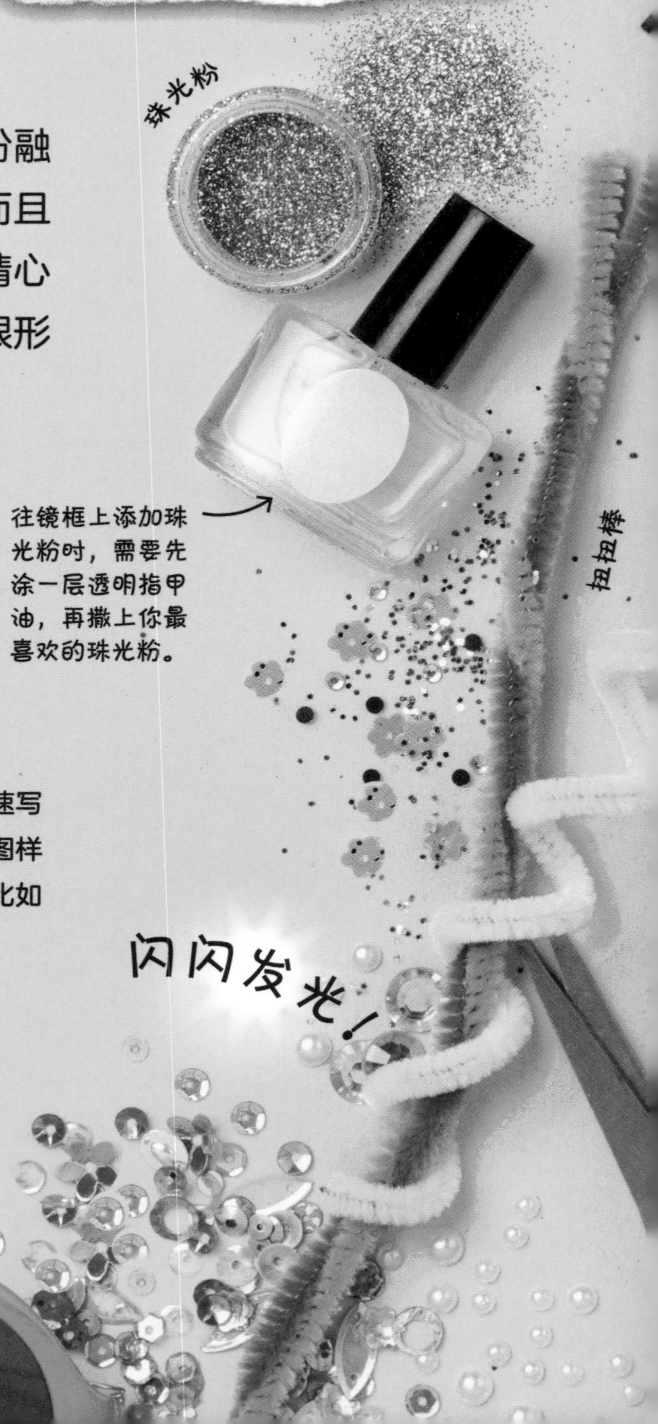

珠光粉
往镜框上添加珠光粉时，需要先涂一层透明指甲油，再撒上你最喜欢的珠光粉。
扭扭棒
闪闪发光！

和纸胶带
珠光颜料

1 设计方案

首先需要选一副太阳镜。然后在速写本上把你的猫眼形太阳镜的设计图样画出来，写下所有的设计细节，比如形状、颜色以及亮点，等等。

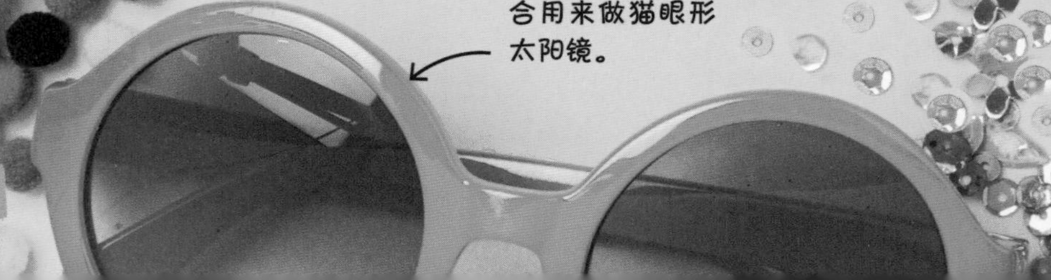

圆框、复古或是方框眼镜，都适合用来做猫眼形太阳镜。

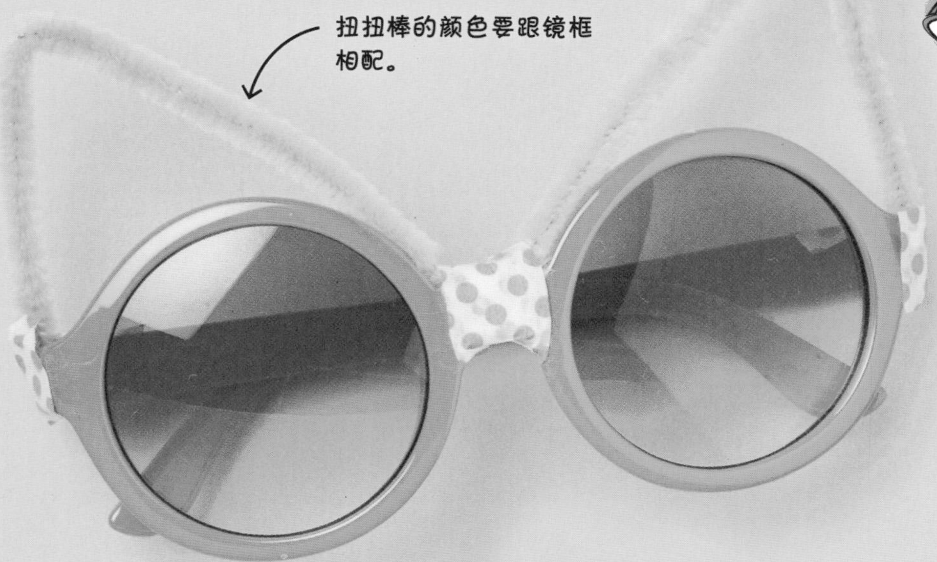

扭扭棒的颜色要跟镜框相配。

重要提示

怎样才能给太阳镜一个保护它的“栖身之所”呢？你可以裁一块长方形的厚布料，尺寸是眼镜框的两倍大。然后将它对折，把长的一边缝上，再将剩下的其中一端封口。好啦，现在把你的太阳镜放进去吧！

2 添加猫耳朵形状

用扭扭棒做出两个猫耳朵形状，然后用和纸胶带将它们分别固定。

在这里装饰些珍珠、人造钻石或者亮片，会非常漂亮。

3 粘上珠宝

用强力胶把宝石或珍珠粘在镜框上做装饰。相邻珠宝间的距离要尽可能一致。

4 点睛之笔

想让眼镜更时髦的话，还可以再来些点睛之笔。比如，可以尝试不同图案的胶带或珠光指甲油。

成品响当当！

如果你想尝试酷炫的装扮，也可以将这种厚重钻石换成亮色纽扣。

形态各异的帽子

带耳翼的绒线帽

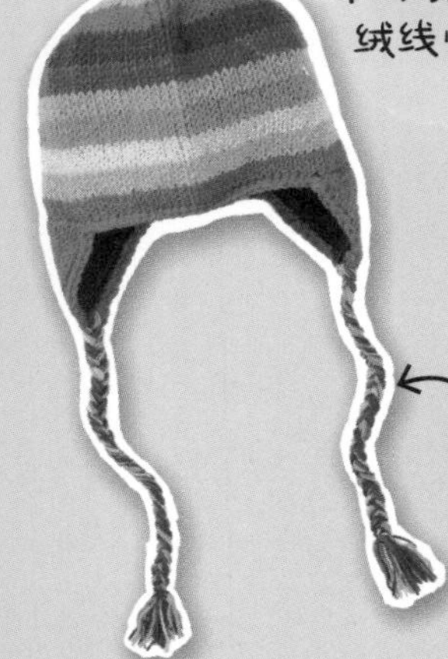

这种针织帽能为你的冬日装扮加分不少。

费多拉帽

这种帽子有帽檐，帽顶有凹陷。

猫耳草帽

帽子还可以这般妙趣横生！这顶猫耳草帽棒极了！

冷帽

冷帽没有帽檐，能将头部裹护住，戴起来真舒服。

神游天外

头上戴着帽子的时候，你也可以让创意“天马行空”。如果你喜欢戴帽子，不妨试试这些形态各异的帽子，将它巧妙融入自己的装扮风格中。选出最适合你的那款帽子，让它来为你的整套装扮画上传神一笔！

宽檐帽

戴上宽檐帽，不但引人注目，还能借助帽檐保有一丝神秘感。

贝雷帽

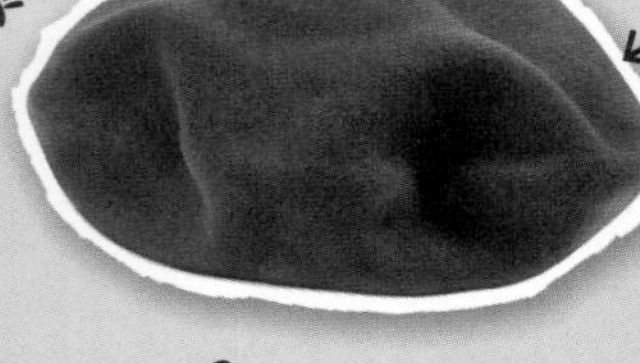

贝雷帽通常由羊毛制成，质地柔软。在寒冷天气里戴着它相当舒适。

棒球帽

装饰棒球帽是件有趣的事。你可以找一顶素色基础款，然后在上面添加花朵、金属链或珍珠等。

装饰着宝石（比如人造钻石）的王冠头饰会成为你整套装扮的传神之笔。

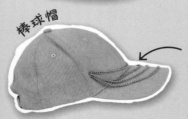

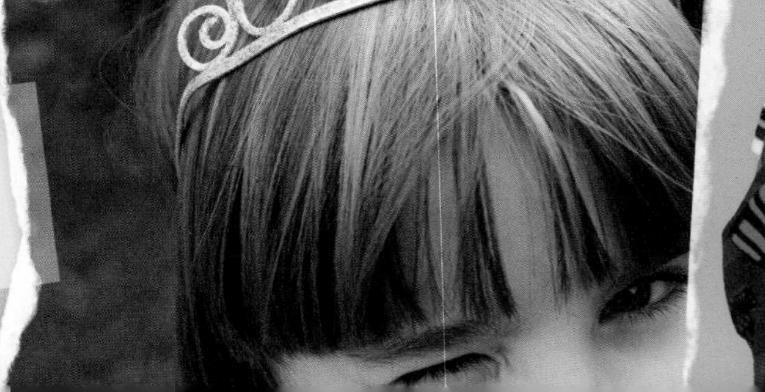

戴上这顶有流苏的夏日遮阳帽，去海滩、夏日市集或是参加街头庆祝活动，再合适不过！

视觉效果

这个女孩总是一副帅气模样——她喜欢如此，而且自成一派，风格创意统统自己来。这身原本素净的装扮，因为有了“帽子 + 头巾”的完美加持，释放出奕奕神采。丝带和花朵让费多拉帽越发显得时髦，头巾图案又恰到好处地修饰了女孩的脸部，烘托出她的美。

用满是花朵的发箍来装点你的头发。

用丝带和花朵装饰帽子。

宽帽檐可以遮挡照向脸部的阳光。

头巾上张扬、明亮的图案使得整套装扮看上去时尚而有趣。

头巾怎么包？先把头巾对折成三角形，再把头巾的三角部分戴到脑后，然后在头前部打结，便大功告成了。

T 恤衫与帽子构成极佳平衡，从而使整体装扮显得休闲、自然。

夹克

你可以在夹克上添加贴花（详见第46—47页），用新创意做出新外套。

牛仔夹克

飞行员夹克

派克大衣

连衣裙

连衣裙真的很神奇！不管是整洁漂亮还是休闲随意的风格，它都能轻而易举地帮你实现！你也可以试试牛仔裤配连衣裙的穿搭方法。

溜冰裙

直筒连衣裙

条纹连衣裙

先看看衣柜再说吧

先别着急把宝贵的零用钱换成更多衣服！在逛商店之前，你应该先看看自己的衣柜！那些以前从来没尝试过的衣服，搭配在一起照样会让你眼前一亮！就用这条粉色连衣裙来试试看 。

挑战自己

征得大人的同意后，把你衣柜里的衣服分成三组：

☆ 太小或太短的，还有不再喜欢的衣服。把它们送给需要的人，或捐献给慈善机构。

☆ 有些不小心弄脏或撕破，可仍是你心头好的衣服。你可以把它们翻新（详见第74页）。

☆ 保留的衣服。你爱它们！这组应该最多。

时髦上学日

上学日也许是再平凡不过的一天。但不管怎样，为放学后的你准备一套时髦又动感的穿搭吧。

一件连衣裙能穿出三种风格来！
买一个自己真正喜欢的背包，因为你一整年都用得上它。
该用什么鞋带？该怎么系？标准就一个：快！
做旧牛仔裤使整套装扮看上去更休闲、自然。

牛仔裤

紧身裤

直筒长裤

裤子

好好搜寻，找到最适合自己的裤子。裤子长短要适中，不然怎么展示你的鞋子？

上衣

搭配上衣特别有趣。你可以试试在连衣裙或衬衫外套一件无袖上衣。

无袖衫

印花T恤衫

扣领无袖衫

配饰

配饰可以为整套装扮增光添彩。穿戴上它们，免不了会有人夸赞你。

束发带

手拿包

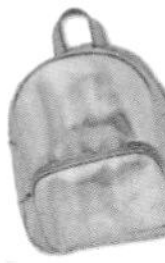

背包

宣言项链

你喜欢这件牛仔夹克吗？看看第30—31页的内容，想想该怎样为它增光添彩。
十字交叉鞋带的灵感源自舞蹈。

假日忙出行

风风火火、忙忙碌碌，没错，你就是这样的女孩！那些别具一格的服饰平日里难得穿戴，赶上了周末或假期，不妨都试试！

派对尽欢畅

去参加舞会或派对的话，你最好来一套既活泼又舒服的装扮。如果恰逢冬天，就把凉鞋换成靴子。

你需要的全部珠宝就是一条宣言项链。
别完全遮盖连衣裙，要让它大放异彩！
鞋子和包包的搭配要看起来漂亮又亮眼。

开襟羊毛衫

针织套衫

连帽衫

针织套衫和开襟羊毛衫

你可以在自己喜欢的任何一款上衣外面，套上一件舒适温暖的针织套衫。

运动鞋

平底鞋

凉鞋

鞋子

要选透气性好的鞋子，这样你的脚才不会起泡或有臭味。

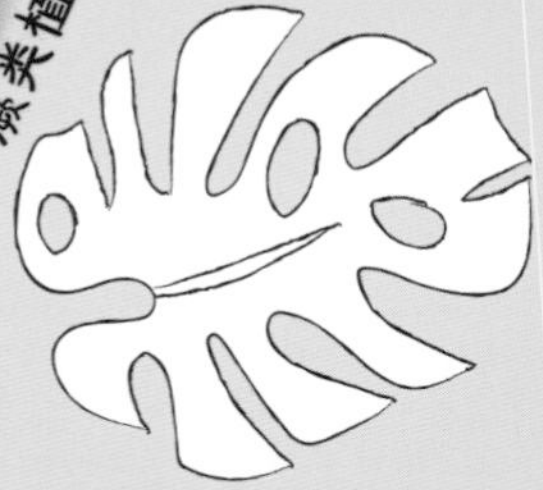

用源于自然的调色板来做个情绪板吧！

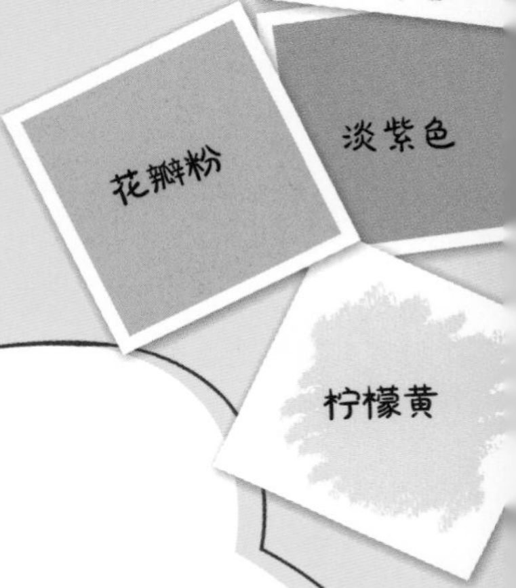

你可以用绿色毛毡剪出树叶形状添加到你的设计上，或者直接将树叶压印在布料上（详见第22—23页的图案印制技法）。

拥抱大自然

来拥抱大自然吧，新的视角会带给我们新的灵感。叶子、茎、花朵……它们的色彩搭配和质地会让你耳目一新——准备好去自然王国里捕获灵感了吗？

仙人掌的这种质地值得借鉴，你甚至还可以在设计中添加铆钉元素。

重要提示

室内盆栽植物也特别时髦！用一盆容易成活的植物（比如多肉植物）把大自然带进房间——尽情培养你的园艺才能吧！

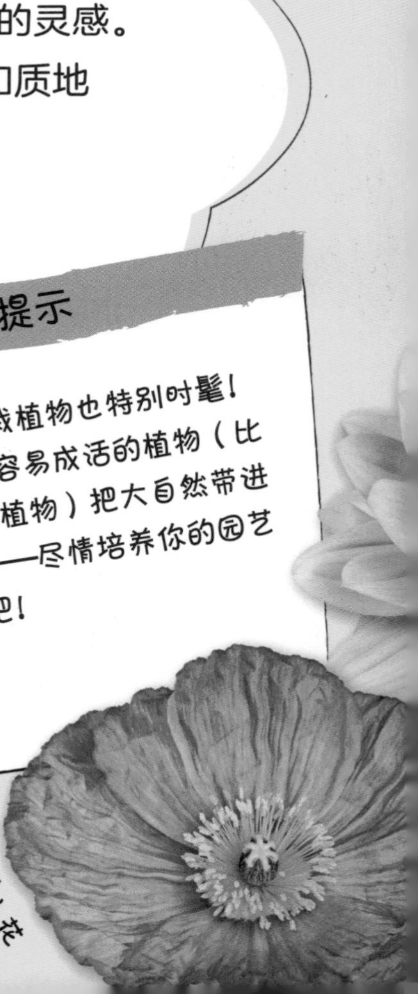

视觉效果

这套洋溢着浓浓自然风的波希米亚装扮感觉好极了。这身装扮适合喜欢在花园里漫步，或喜欢参加花展的女孩。

用丝缎或塑料花做成美妙发饰。

深色上衣上满是漂亮的花卉图案，视觉效果越发时髦前卫。

尝试树叶形的腰带搭扣。

勾勒出你最喜欢的花朵，然后把它用到你的设计中。

热情夺目的绿让原本简单的九分裤脱颖而出。

花不只有美，它们还有力量，从小种子历经万难才变为了美丽的花朵。

大手提包上缝着可爱的仙人掌和心形贴花（详见第46—47页）。

木底鞋呼应了“自然”这个主题。

自己动手做

熊猫贴贴贴

把一小块面料缝在更大面积的织物上，这种设计感十足的工艺叫贴花。为了让基础款服装更出众，时尚设计师会考虑的方法之一便是贴花。你想试试吗？快来为你的T恤衫缝制一个贴花吧！

必备材料

- 速写本和钢笔
- 小块毛毡或布料
- 裁布小剪刀
- 布料胶
- 布料马克笔
- T恤衫
- 针和线

1 画出你最喜欢的动物

你认为哪种动物最酷？主意一旦拿定，你就把它画在速写本上。想做多大尺寸的贴花就画多大。画好后小心地将它剪下来，这就是贴花纸样了。

2 用小块毛毡或布料剪出形状

把纸样放在毛毡或布料上，沿着纸样外轮廓描一圈，再用裁布小剪刀把它剪下来。

3 用胶水把各部分粘在一起

用布料胶把动物各部分粘好，然后至少放 1 个小时，让胶水自然风干。再用布料马克笔为动物的面部增添必要的细节。

重要提示

你还可以用颜料为可爱的小动物画出适合它生活的环境。画之前，记得在T恤衫里衬一片硬纸板，免得颜料浸透了衣服。然后你就可以画上树木或叶子了——当然熊猫更偏爱的是竹林！

用绿色颜料画上竹叶和竹竿。
成品响当当！

挑战自己

你也可以设计猫咪、狐狸或水母贴花，还可以在衣服上添加动物爪印或斑马条纹贴花等。

4 给 T 恤衫贴花

等贴花上的胶水风干后，请大人帮忙用彩珠针把它别到 T 恤衫上。最后，用平缝针将它细密地缝牢（详见第 7 页）。

你的亮点是什么？

时尚设计师和电影明星通常都有一套众所周知的经典装扮。比如，总是穿一条小黑裙亮相，又或者总是顶着某个招牌发型登场。什么装扮能让大众记住，他们就会在那个亮点上花费更多心思——那么你的亮点是什么呢？

挑战自己

就算眼下你还没有“亮点”，那也没关系！把你平日里最常穿戴的前三样服饰列出来，看看它们有什么共同点。搞清楚自己喜欢什么，就能轻松找到亮点了。

莱斯利的亮点是……

我爱我的眼镜！8 岁那年第一次戴眼镜时，我哭了好几天，觉得眼镜又大又讨厌。等长大了，我才终于找到了自己真正喜欢的眼镜。现在的我不但有五副眼镜，而且每天还会换着颜色戴——它们简直就是我脸上的“珠宝”！

我爱我的眼镜！

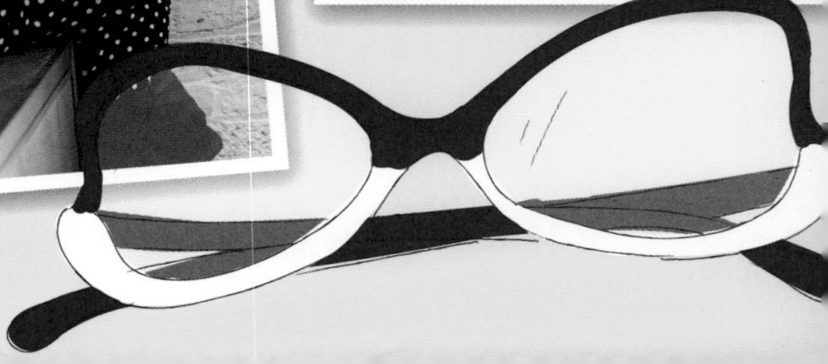

我喜欢牛仔短裤，
因为它们穿起来很舒服，
而且基本上去哪里都可以穿，
比如去希腊度假。
我不仅有经典款的牛仔短裤，
还有纯白色的。

伊西的亮点是……

帅气短裤

穿上条纹衫去航海！

我的亮点是……

贝莱的亮点是……

所有跟航海有关的东西我都喜欢。
我最喜欢的上衣是一件法国生产的条纹
长袖 T 恤衫。我会用它来搭配简单、舒适的
服装，比如牛仔裤或淡色风衣。

面料质地

一块面料的视觉效果如何，手感又如何，都跟面料的质地有关。为了能让设计出的时装作品极具质感，时尚设计师会兼顾质地和剪裁两个方面。下次你观察各种面料时，不妨想一想它们各自都给了你怎样的感觉——哪些柔滑，哪些毛糙，哪些毛茸茸，还有哪些滑溜溜？

耐磨面料

通常来说，耐磨面料又重又结实。比如牛仔布，因为结实，所以最初用它来做建筑工人的工作服。耐磨面料是由很多细线织成的，纹理非常细密。

手感毛糙的面料

为了保护我们的皮肤，设计师使用这种面料时，通常会用更柔软的面料做里衬。有时候，手感毛糙的面料洗后就变得不那么硬了。

皮革结实又舒适，但价格昂贵。

牛仔布质地平滑而结实，所以一直是流行面料。

亮片是由塑料制成的小圆片。

柔顺光滑的面料

面料若是柔顺光滑的，用它制成的美丽衣裳自然也是柔软而轻盈的。比如制作晚礼服，最适合用的就是丝绸和天鹅绒面料。

挑战自己

从你的衣柜里，找出至少三种质地的面料，用它们搭配出一套你从没尝试过的装扮。

天鹅绒面料上的绒毛仿佛无数根小小的毛发，它们使面料摸起来很柔顺。

质地轻盈的面料

这种面料通常都是薄薄的。穿上用它们制成的衣服，不会让人感觉汗津津的，所以特别适合在夏季穿。

有绒毛的保暖面料

这种面料舒适温暖，经常会被制成寒冷冬月里穿的衣服。它们由厚实的纤维纺织而成，所以这种面料摸起来特别有质感。

感觉棒棒哒

所谓质感，是从视觉或触觉角度，对物体的感觉和感受。纺织时用的方法不同，织出来的面料给人的感觉也不一样。时尚设计师总在对不同质感的面料进行尝试、探索，你也应该试试。来，将各种面料叠穿，营造视觉上的碰撞效果吧。

针织面料

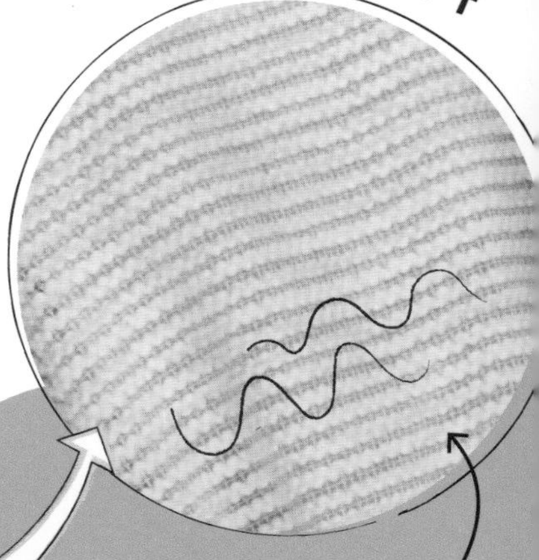

在凉爽的季节里穿针织面料再合适不过了，而且你还可以将它跟光滑面料或金属色面料混搭。

用漂亮的项链为这套舒适的穿搭画上点睛之笔。

金属色鞋子为整套装扮增添一份耀眼夺目的美。

超级闪耀

质感在指间

时装界人士把皮肤接触面料时的那种感觉，叫作面料的“手感”。下次你去商店或是端详衣柜里的衣服时，不妨将各种面料都摸摸看。这些面料各自有着怎样的手感?是柔软的、粗糙的、皱皱巴巴的，还是毛茸茸的、滑溜溜的?

褶皱面料

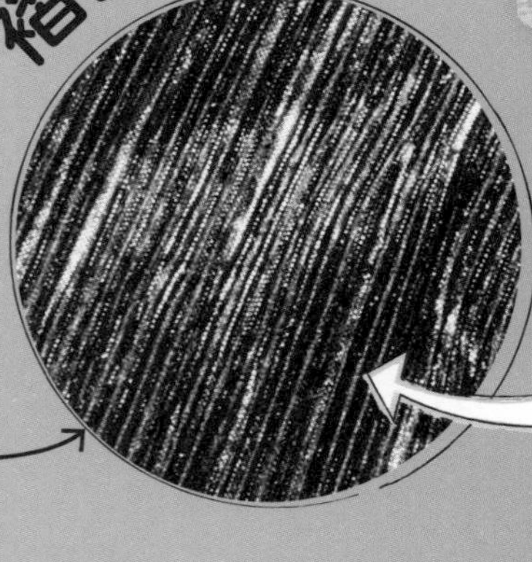

褶皱面料穿起来特有趣！瞧，它们都已经皱成这样了，穿上它你怎么折腾也不会搞砸的。

超级光滑

由金属或塑料制成的珠宝结实而闪亮，跟长袖运动衫柔软的面料搭配得相得益彰。

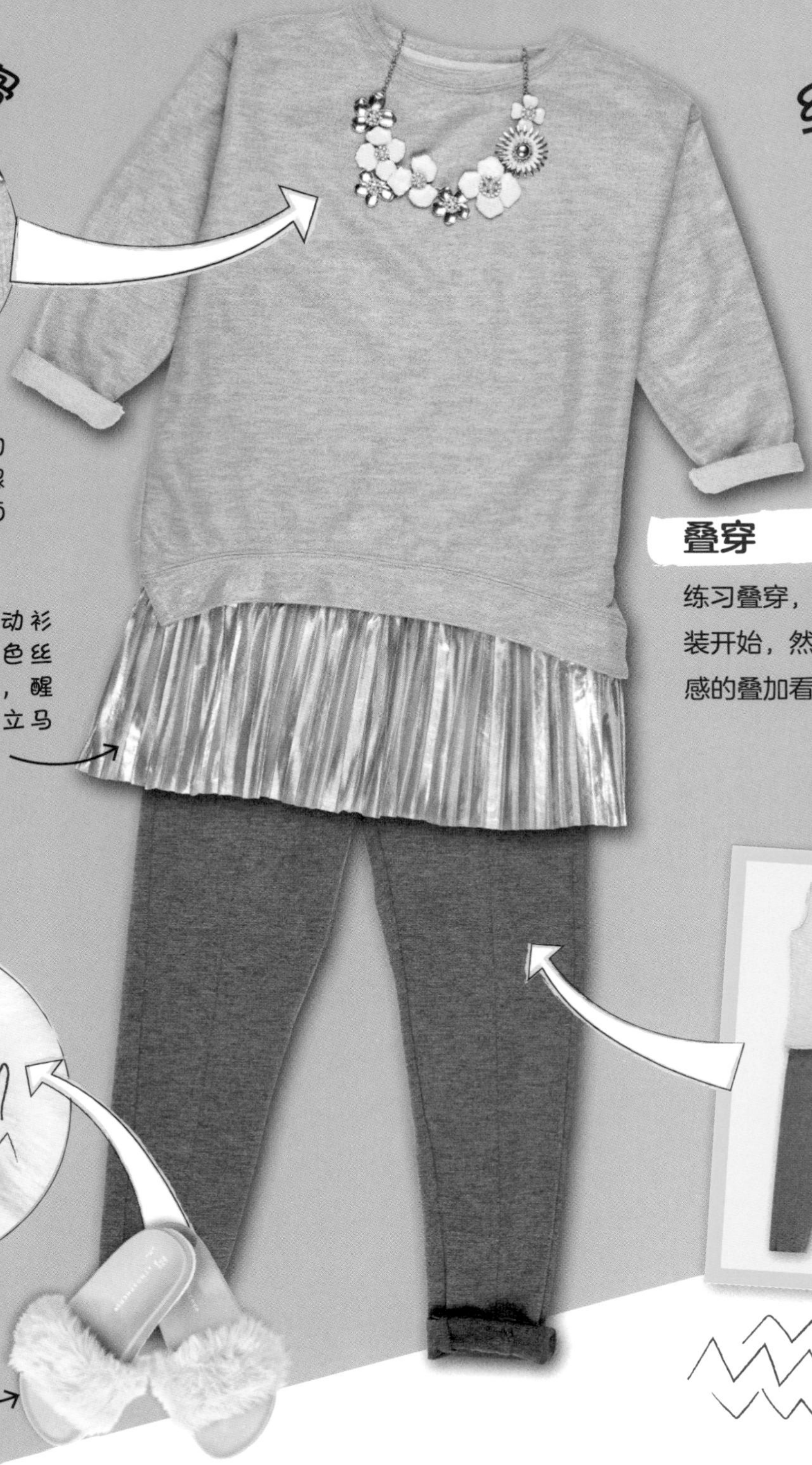

丝质面料

丝质面料堪称做发饰的完美选择。它们能很容易从发间取下，不会伤到你的头发。

在灰色长袖运动衫下叠穿一件银色丝质面料的衣服，醒目的碰撞效果立马就呈现了出来。

叠穿

练习叠穿，首先要从一身基本款的简单套装开始，然后再叠加其他质感的面料。质感的叠加看起来有趣，感觉也很棒！

毛茸茸

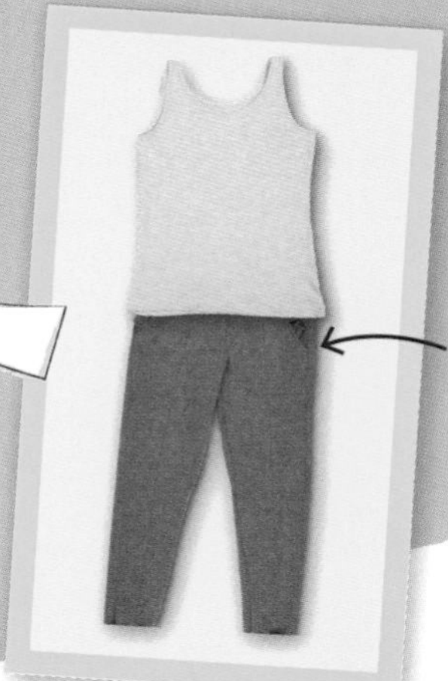

用一身素色装扮打基础。

穿上毛茸茸的平底凉拖，打造休闲自在、有质感的造型。

我喜欢触摸……

我感觉穿起来很舒服的是……

我最喜欢的面料质感

你最喜欢什么质感的面料？把它们写在这里，或是你的速写本里。下次去布料商店的时候，不妨收集一些这种质感的面料样品，把它们添加到你的情绪板上。

图案

这么多黑白配的图案混合在一起真有趣！

犬牙格纹（千鸟格）

波点

海浪纹

圆圈纹

用转印纸把剪影照片印在T恤衫上。

剪影照片

黑与白

黑与白是设计界永恒的主题，也就是说，黑白配永远不会过时。时尚设计师最爱用这对组合来“做文章”，从云淡风轻到气焰万丈，设计方案各种各样、层出不穷。你也想入门吗？在你开始之前，不妨先瞧瞧一些启发灵感的事物。

从斑马的黑白条纹中汲取灵感，展现你狂野奔放的一面吧。

斑马

你可以用黑白相间的人造毛皮，为自己的装扮增添一抹“熊猫风”。

熊猫

还可以为你的装扮添加些形状各异、有黑有白的纽扣。

斑点狗身上的斑点跟波点一样优雅乖巧，你在下一套设计里试试用上它如何？

斑点狗（达尔马提亚狗）

视觉效果

女孩这身街头装的灵感源自黑白相间的动物，将休闲时髦的风格演绎得淋漓尽致。要白就白胜雪，要黑就黑如墨——两相对立，却又彼此吸引，这就是时尚的魔法！

带条纹的针织套衫彰显经典风范。
黑白相间的宽手镯层层堆叠。
给包包加个熊猫补丁贴或是熊猫钥匙扣。
在针织套衫下叠穿一件较长的纯白色衬衫。
带竖条纹的运动裤使整套装扮动感十足。
对“一脚蹬”来说，黑白色块足矣，不需要多余图案。

重要提示

运用黑白两色进行穿搭设计时，如果上衣或下装比较花哨，那么其他服饰就尽量不要太复杂。比如，你可以穿一件纯黑或纯白色的上衣，来搭配斑马纹的紧身弹力裤。

时尚混搭

运用黑白两色进行搭配其实很简单，因为一般不会出什么差错。当黑色与白色相遇，无论你添加什么图案，用什么质感的面料，视觉效果总是很搭调。你也来试试看，用黑白两色混搭出一身新装扮吧。

更换搭配！

挑一款有黑色细节设计的、简单又别致的背包。

有图案的包包

可以将纯色背包换成波点黑白两色包，时尚又有趣。

黑白帆布鞋最是经典。

亮色鞋子

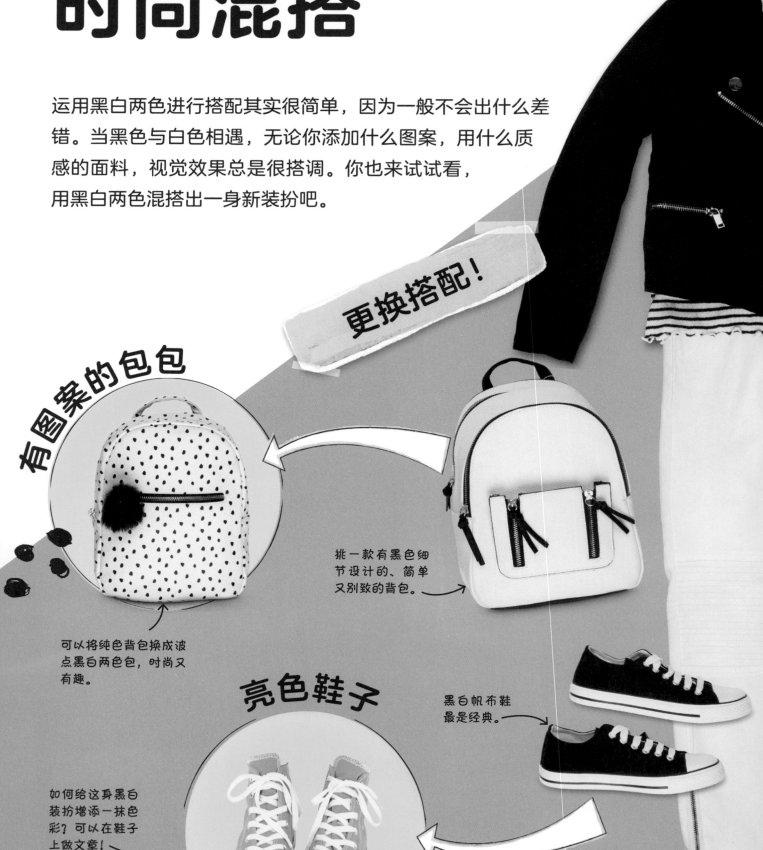

如何给这身黑白装扮增添一抹色彩？可以在鞋子上做文章！

让人眼前一亮

即便是同一款衣服，黑和白也会呈现出两种完全不同的感觉。比如这件白色蕾丝上衣，看起来既可爱，又有波希米亚式的自由随意；而黑色的同款上衣，则看起来更迷人，更具哥特风情。

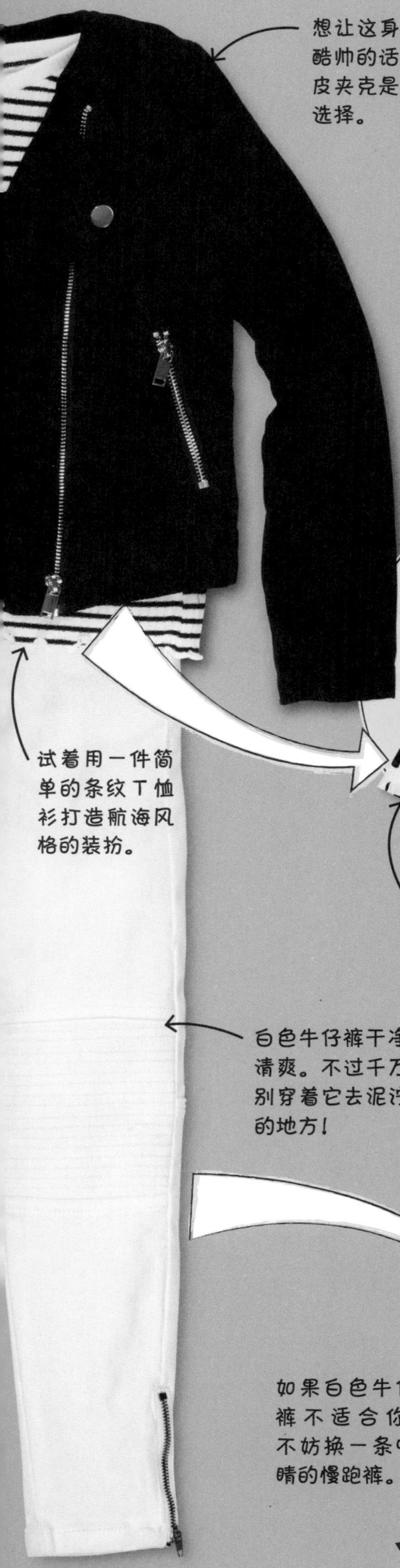

想让这身装扮变得酷帅的话，人造革皮夹克是个不错的选择。

试着用一件简单的条纹T恤衫打造航海风格的装扮。

白色牛仔裤干净清爽。不过千万别穿着它去泥泞的地方！

如果想要来一套可爱的日常装扮，可以试试用白上衣配牛仔裤。

如果你喜欢前卫、酷炫的穿衣风格，这件同款黑上衣是个很棒的选择！

叠穿裙子

你还可以将T恤衫换成裙摆有褶的短款连衣裙，打造出有层次感的趣味叠穿装扮。

引人注目的裤子

如果白色牛仔裤不适合你，不妨换一条吸睛的慢跑裤。

挑战自己

试试一周七天都穿黑白配的衣服。混搭印花和单色服装，或者整身单色，又或是色块拼接，总之，发挥你的创意，在装扮中玩转黑与白吧！把最适合你的那套装扮记下来，还要写出为什么适合。

设计过程中，可以戴上耳机，听着音乐来进入状态。

亮黄色

酸橙绿

火焰红

冷蓝色

活力橙

假如声波看得见，你觉得它会是什么样子的？

用音乐唤醒灵感

如果你关注时装，
那你十有八九也是个音乐发烧友！
时装与音乐的关系十分密切。
时尚设计师的时装秀和派对离不开音乐。
音乐表演者的登台演出
也离不开服装的加持。
试一试用音乐唤醒你的灵感，
设计出一身摇滚装扮吧！

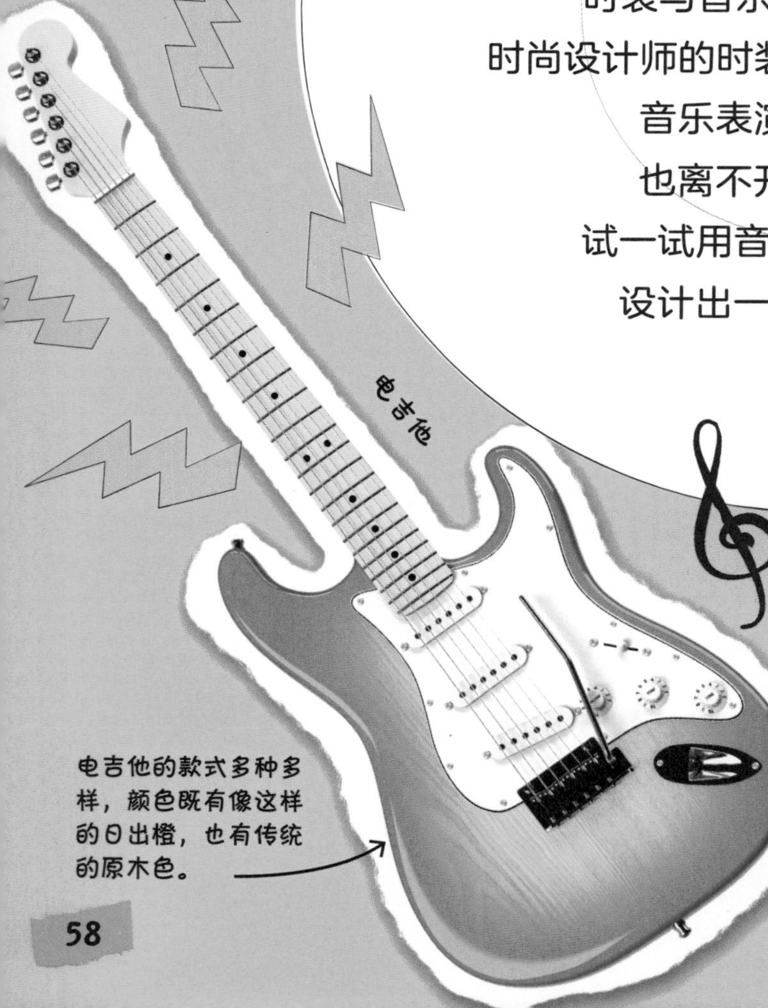

电吉他的款式多种多样，颜色既有像这样的日出橙，也有传统的原木色。

加入粉丝俱乐部，在音乐会或音乐节现场，那些乐队T恤衫可能也会带给你不少灵感。音乐会T恤衫搭配牛仔裤会是很出彩的装扮！

厅灯光球

视觉效果

这身装扮让女孩全身上下洋溢着青春与活力，动感十足！令人自在惬意的 T 恤衫、牛仔裤连同闪电形耳环，仿佛都在齐声高喊：“跳起来吧，我要闪亮登场！”这身装扮她应该不会只穿这一回！

为了能时刻听到自己喜欢的歌曲，她几乎是耳机不离身。
她从自己最喜欢的乐队现场表演中，找到了设计这件银色吉他图案的 T 恤衫的灵感。
银色手链像舞厅的灯光球一样闪闪发光。
这个包包的灵感，是受到了老式黑胶唱片的启发。
喇叭牛仔裤上点缀着缤纷刺绣，穿着它跳迪斯科再合适不过！
运动鞋的鞋头用铆钉装饰，为这身摇滚装扮加分不少。

挑战自己

试着多听几种不同类型的音乐，比如爵士乐、摇滚乐、流行乐和嘻哈音乐等。然后从你最喜欢的音乐中汲取灵感，设计出一套装扮来吧。

迷你扬声器这类科技小物件着实可爱，不妨用来装饰一下你的设计场所。

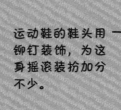

一闪一闪亮晶晶

你可以试着用珠光粉颜料设计图案。

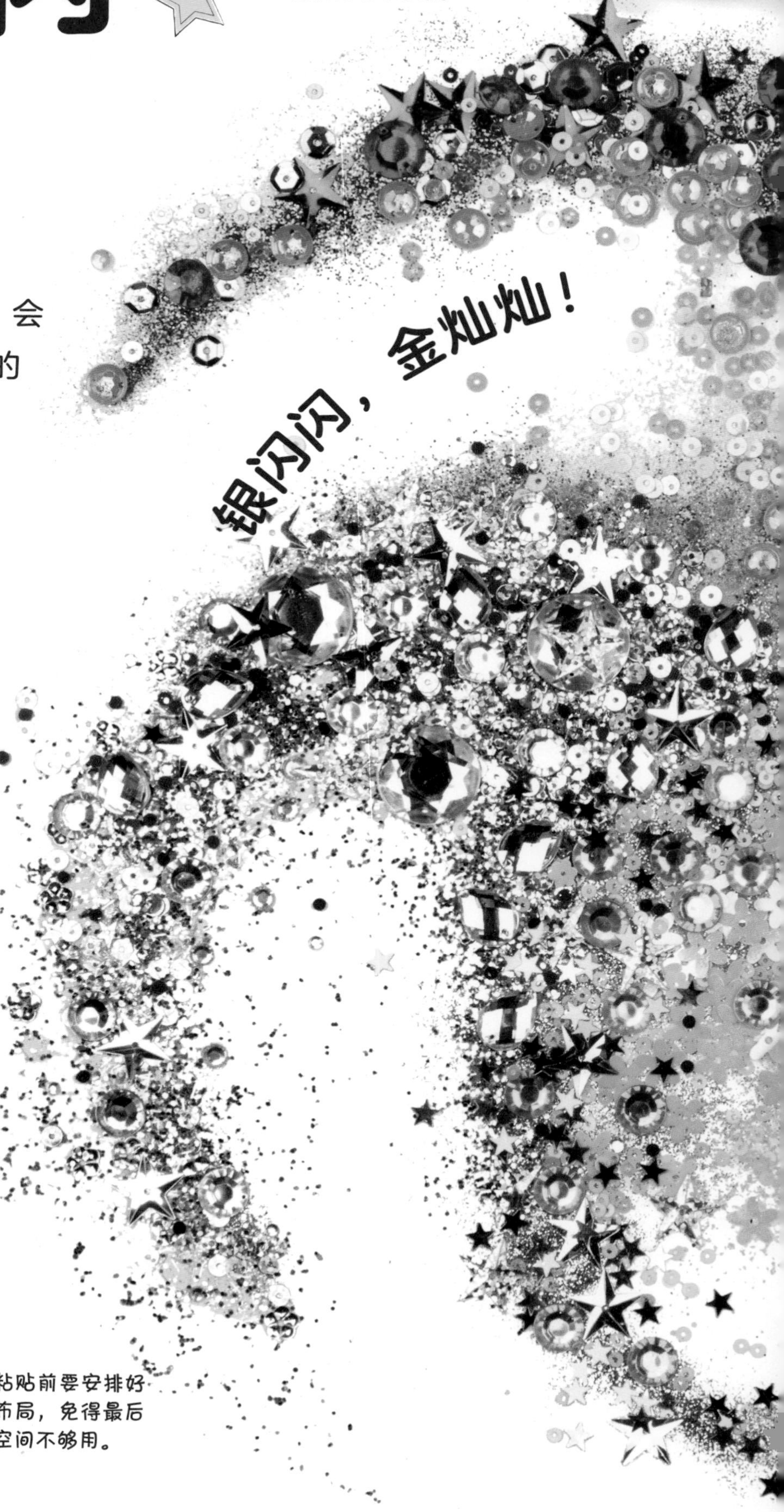

这些闪烁的珠光粉、亮片和珠宝，会为你的设计带来戏剧性和魔法般的美妙效果。在装扮中添加这些元素时，没必要循规蹈矩——是层叠堆砌，还是点到为止，都由你来决定。

珠宝

想为装扮增添点极具分量的亮点吗？珠宝可是上佳之选。你可以用它们将自己的手机壳、大手提包或鞋子装点一番！

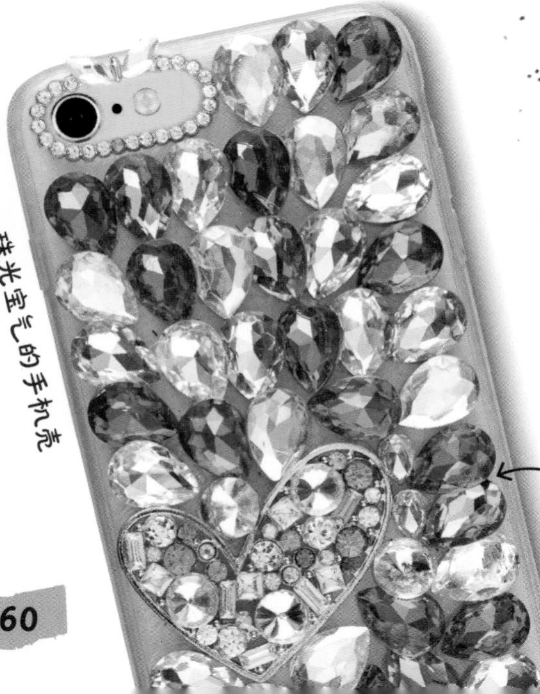

珠光宝气的手机壳

粘贴前要安排好布局，免得最后空间不够用。

五彩斑斓

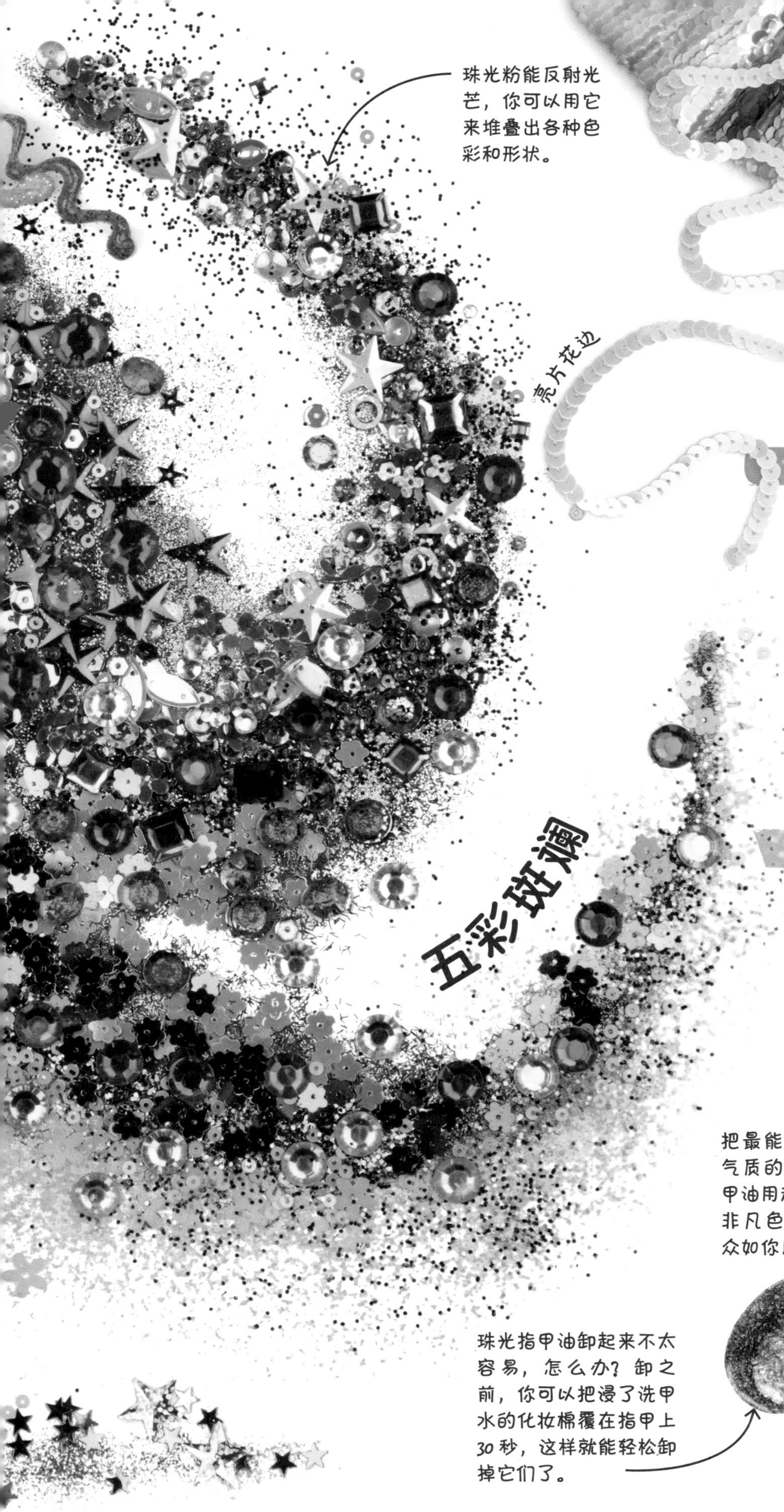

珠光粉能反射光芒，你可以用它来堆叠出各种色彩和形状。

用透明线来缝亮片花边，这样不容易看出针脚。

亮片

如果你想让装扮有光感，可以尝试着给衣服缝上亮片花边，既有趣又简单。看到亮片中间的小孔了吗？准备好针和透明线，动手缝吧。

珠光粉

如果想为自己的装扮增添一抹光泽，给手指涂上指甲油是种简便的好方法。你还可以试试一次性珠光文身，或在脸部使用珠光粉。

把最能彰显你气质的珠光指甲油用起来吧！非凡色彩，出众如你！

珠光指甲油卸起来不太容易，怎么办？卸之前，你可以把浸了洗甲水的化妆棉覆在指甲上30秒，这样就能轻松卸掉它们了。

光芒四射

你可以综合运用服装、鞋子和饰物，为自己打造一身光芒四射的装扮，甚至可以在头发上撒些亮晶晶的珠光粉。想要什么亮点，你只管尽情堆叠，等完工后再回头端详一番，看看可以拿掉哪些冗余的部分。

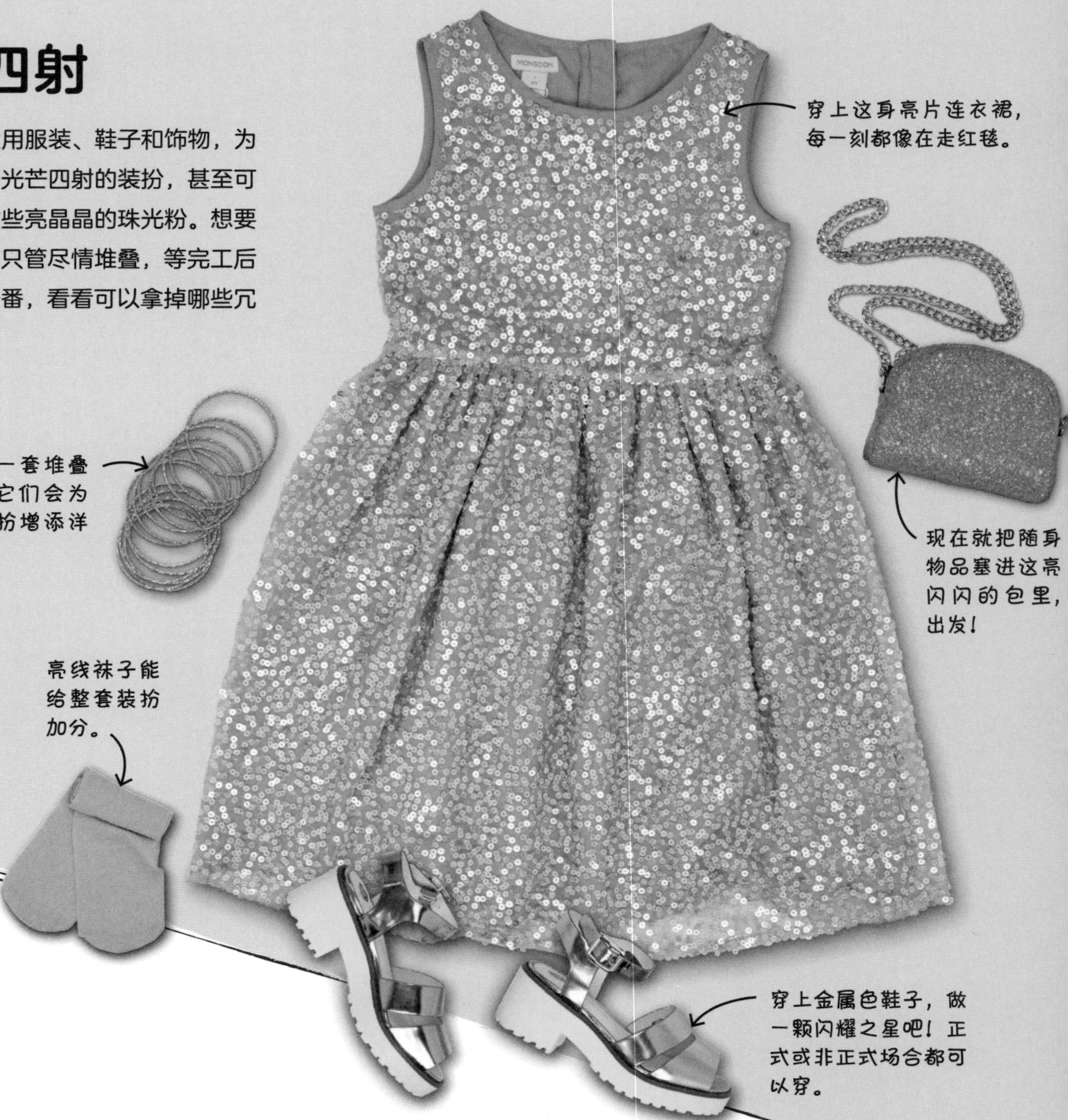

穿上这身亮片连衣裙，每一刻都像在走红毯。
买或借一套堆叠手镯，它们会为你的装扮增添洋洋喜气。
现在就把随身物品塞进这亮闪闪的包里，出发！
亮线袜子能给整套装扮加分。
穿上金属色鞋子，做一颗闪耀之星吧！正式或非正式场合都可以穿。

生活多璀璨

为装扮增添亮点的基本要素，现在你都已经了解得差不多了！接下来，不妨设计一身适合自己风格的休闲装，或是出席正式场合的盛装——穿上它，你走到哪里，哪里就变成你的秀台！

蜻蜓点水足矣

如果你不喜欢那种光芒四射的闪耀，可以试试带有珠宝和亮片的 T 恤衫，再搭配一条牛仔裤，欢乐自在其中！

借着亮片补丁贴和一些点缀的光芒，打造休闲惬意的风格。

跟上衣同色的亮片，闪烁的时候更加精妙绝伦。

搭配外形有趣的包包，越发显得可爱。

穿上闪亮的鞋子，像明星一样迈开步吧。

重要提示

出门前不妨对着全身镜照一照，看看自己对这身亮眼的装扮满不满意。哪部分最吸引你的目光？别忘记再来个璀璨的微笑，这样就更圆满了！

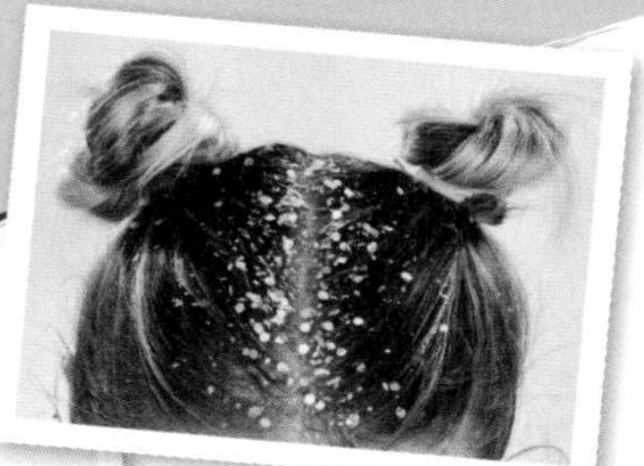

脸和头发

给需要装饰的头发涂上发胶，然后小心地撒上珠光粉。至于脸上，你可以贴上带黏胶的宝石，也可以用睫毛胶水把宝石粘上。

以神来之笔收尾

想把自己装扮得璀璨夺目吗？办法其实多得很！别害怕变得耀眼——想想看，自己看上去像电影明星，可远比仅是盯着电影明星看有意思多了！

璀璨胶带 DIY

在双面胶的一面上撒满亮片和珠光粉，然后用它来给你的衣服或设计方案做一次性花边。

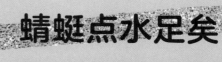

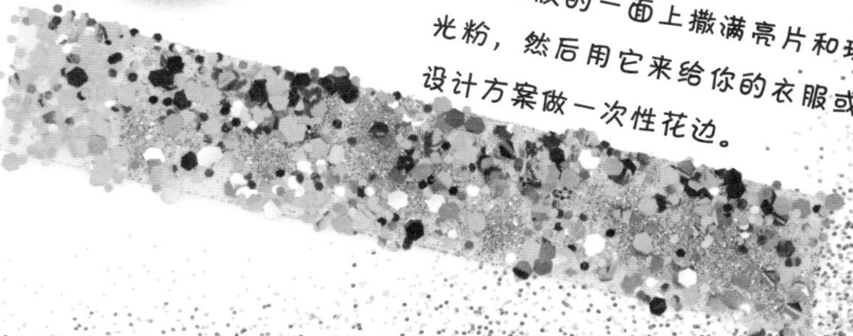

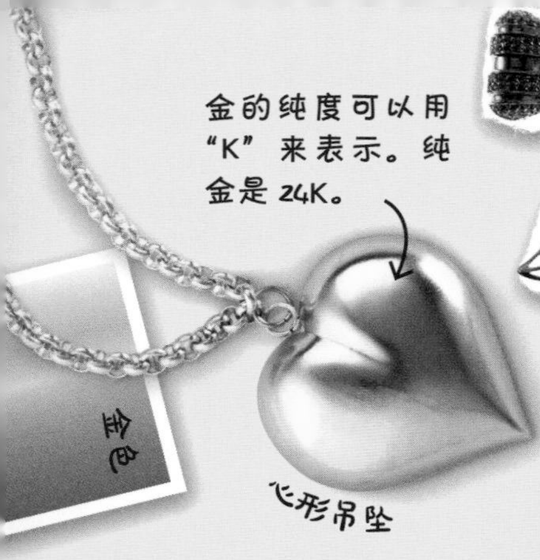

金的纯度可以用“K”来表示。纯金是24K。

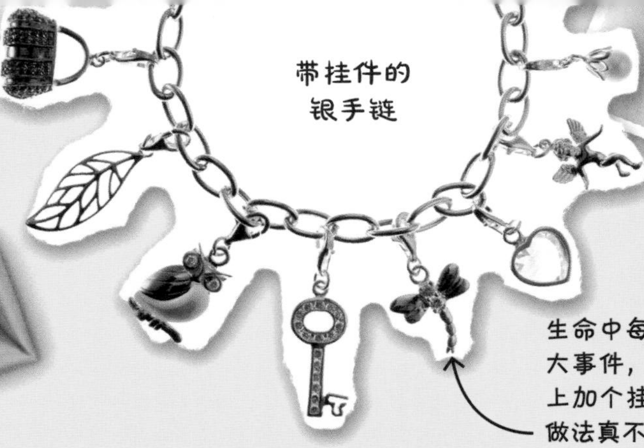

生命中每经历一次大事件，就往手链上加个挂件，这个做法真不错！

戴上一枚个性戒指，让你闪闪动人。

珠光宝气趣中趣

珠宝首饰兼具美感和力量。从古至今，人类常常会用珠宝来祈求好运和护佑。考试前想让自己平心静气，或是希望自己能信心大爆发的时候，就戴上自己最喜欢的首饰吧！

项链和手链不需要佩戴时，把它们挂起来，免得打结，缠成一团。

胸针仿佛佩戴在身上的艺术品。不妨在T恤衫、针织套头衫、外套或者帽子上别个胸针看看。

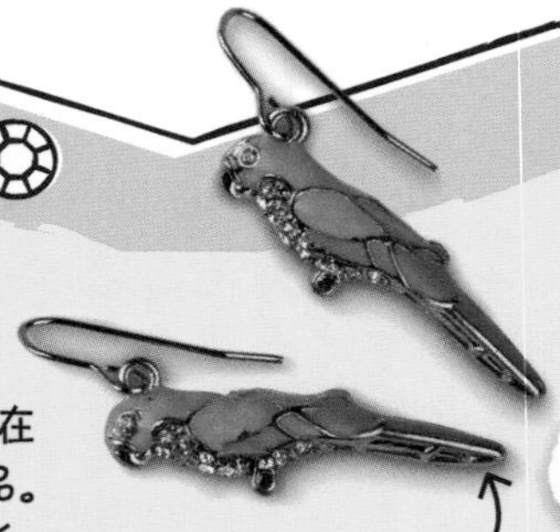

从耳钉到枝形吊灯耳坠，耳饰的类型多种多样。这副耳坠需打了耳洞才能戴，不过你也可以买耳夹式的。

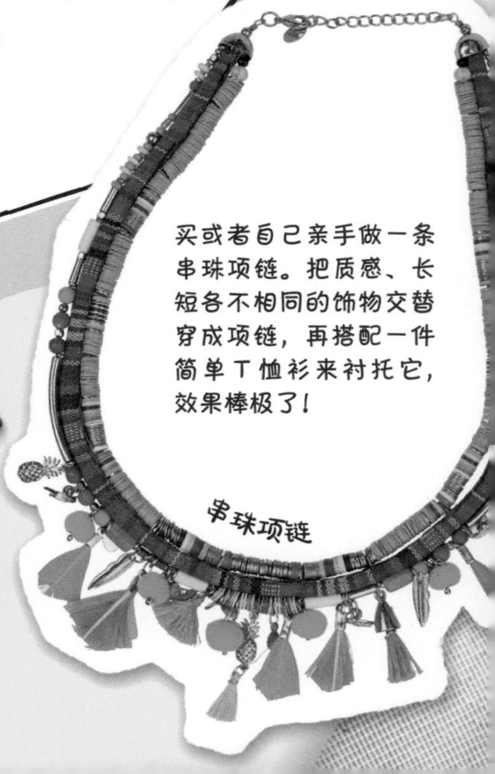

买或者自己亲手做一条串珠项链。把质感、长短各不相同的饰物交替穿成项链，再搭配一件简单T恤衫来衬托它，效果棒极了！

视觉效果

不妨用一套能展现出你个性的珠宝首饰，让你的自信更加闪耀。选你最喜欢的首饰将自己装扮一番，也可以像这个女孩一样，用繁复的首饰来装点。不管怎样，请记住一点：做自己！

祖母绿

橄榄石

托帕石

海蓝宝石

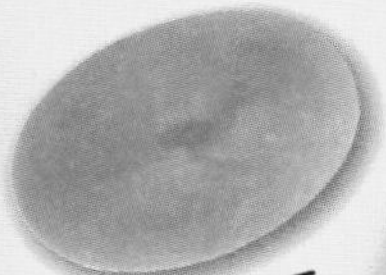

绿松石

选你最喜欢的那块宝石，让它成为你别具一格的标志。

做一对相配的友谊手链吧。把其中一条送给好朋友，让它见证你们的情谊。

不必拘泥于条条框框，为自己设计一款用在头上或脚上的饰品吧。

女孩的标志性耳饰是心形的。星形、半月形和蛋卷冰激凌形的耳饰也很漂亮。

这条宣言项链恰好能彰显出她的特立独行。用一件简单上衣加以平衡，使得这身装扮显得收放自如。

吊坠的尺寸和形状皆可随意，比如这只五颜六色的“大鸟”就很不错！

串珠项链

古埃及人用褶皱面料制作出了让人惊叹的服装。

皇家蓝

金黄色

将这些王室偏爱的色彩运用到你的古埃及风的装扮中吧。

深红色

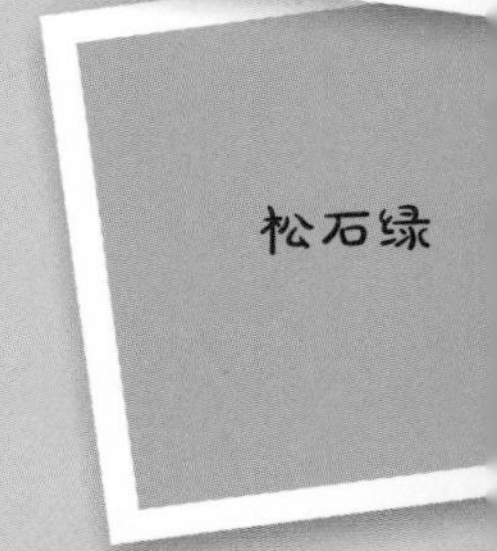

松石绿

“穿上”古埃及

古埃及一向以悠久的历史、
考究的细节和恢宏华丽的风格而闻名于世。
你完全可以从诸多历史文物中一窥那份神奇，
来设计出一身古埃及风格的装扮。
准备好去探索古埃及之美了吗？来，一起穿越到过去吧！

古埃及王后奈费尔提蒂的美貌令世人倾倒。考古学家还推断，她也许和夫君一起治理过古埃及。

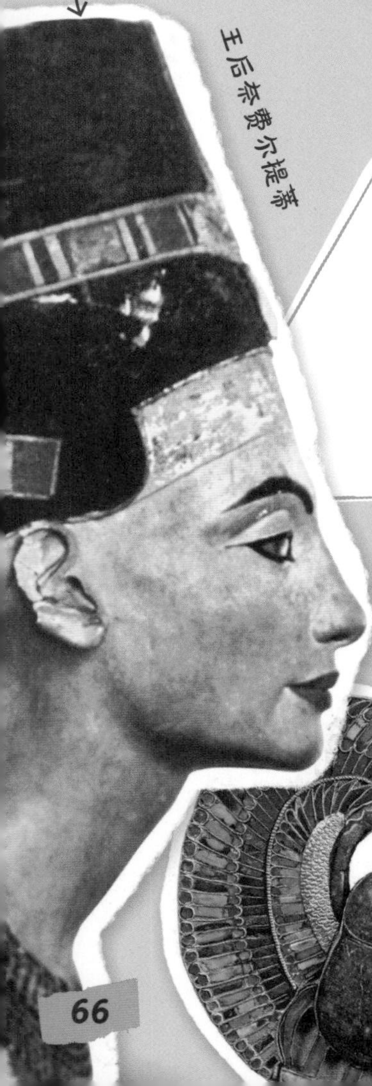

王后奈费尔提蒂

手镯

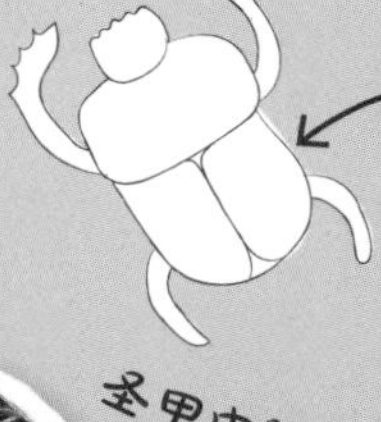

圣甲虫（蜣螂）是古埃及人最喜欢的昆虫！

圣甲虫胸针

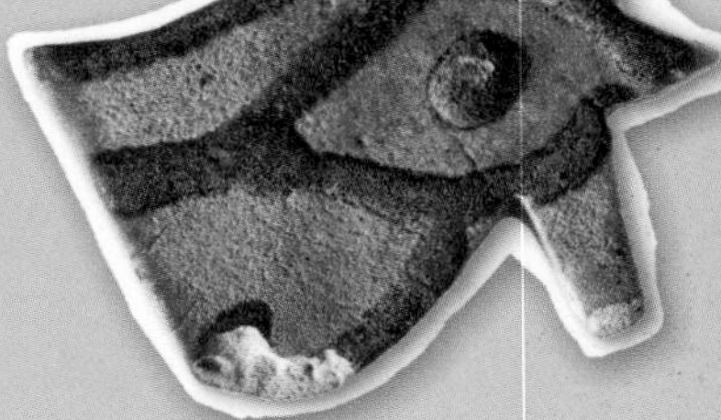

神圣的荷鲁斯之眼

埃及的国宝之一图坦卡蒙面具由真金制成，嵌有宝石和彩色玻璃。

图坦卡蒙面具

视觉效果

女孩身穿轻柔的百褶裙、精致的短夹克，佩戴的首饰让人眼前一亮。金属在古埃及非常流行，所以在设计古埃及风格的装扮时，金制、纯铜制或青铜制穿搭元素不可或缺。

挑战自己

跟朋友一起举办一个以古埃及为主题的宝贝集市吧。每个人都带上一件别致的物品来交换，比如金色的小挂件、宝蓝色的指甲油，或者宝石戒指！

在你的头上缠绕头巾，打造出奈费尔提蒂王后般的高雅格调。
用宝石耳饰、戒指和手镯等饰品精心装扮。
丝质短夹克上刺绣的灵感源自圣甲虫。
金色蛇形手镯。
百褶连衣裙借鉴了古埃及贵族的褶衣。
穿上结饰凉拖鞋，或者干脆光着脚丫，让整套装扮看起来轻松自在。

捂严实才暖和

不管是穿斗篷毛衣，还是满是星星图案的冲锋衣，走进秋冬季节后，你的目标就是温暖和干爽。从这些装扮中汲取灵感，然后用你自己的保暖方式，掀起一场时尚风暴吧！

秋雨淅沥

当冰冷的毛毛细雨落下，赶紧穿上雨靴、打开雨伞，再穿上一件有趣的印花外套吧。

找一双适合自己风格的过膝印花袜子或一条紧身裤。

穿上这身防雨冲锋衣，做一颗闪亮的星。

凉风阵阵时，穿灯芯绒面料制成的衣服舒适又温暖。

小雨靴上的图案好帅气！

换季时节

总有些日子，比秋天冷一些，比冬天暖一些——这时候尝试叠穿再合适不过了！你不妨套上一件斗篷毛衣，或是来一条稍薄些的围巾，来阻挡凉风。

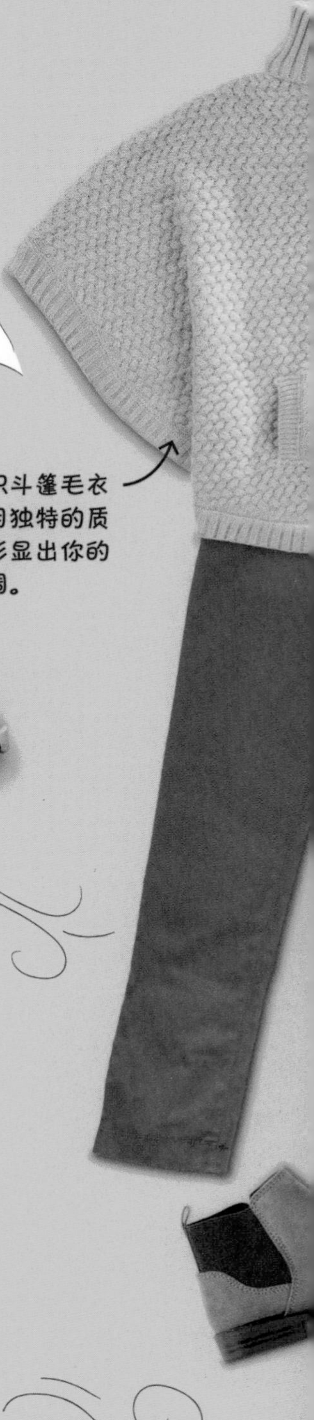

针织斗篷毛衣会用独特的质感彰显出你的格调。

套头围巾让你的装扮保暖、时髦一应俱全。

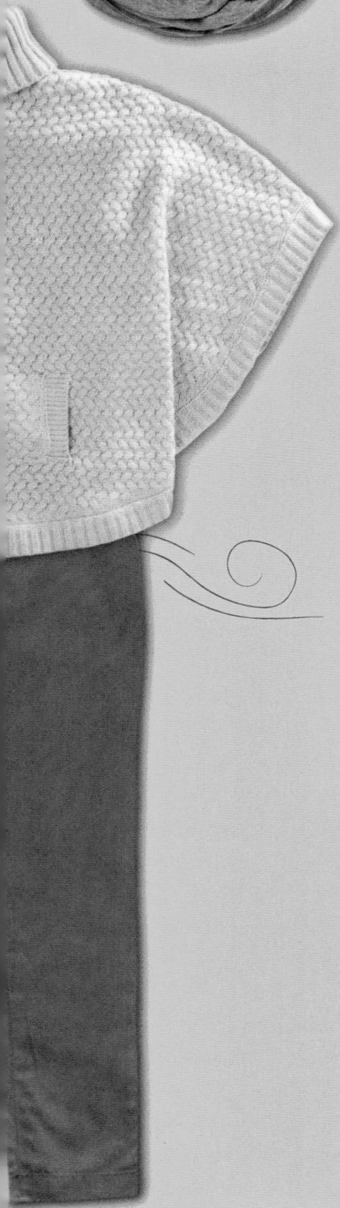

帽子毛茸茸的，美妙又温暖。头顶的两个小绒球让人群中的你脱颖而出。

挑战自己

用淡黄、米黄和赭石黄（一种温暖而浓烈的黄色）之类的亮色点亮秋日吧。就算外面黑咕隆咚也能穿亮色衣服。你不妨对各种色彩和图案多加运用，设计出几件引人注目的外套来。

天寒地冻

多花些时间试穿，选出最适合自己的外套。这样做相当值得，因为到了天冷的时候，你每天都得穿着它。

选一件你喜欢的轻盈而温暖的羽绒外套吧。

穿上羊毛靴脚丫舒服极了！

“一脚蹬”靴子既端庄又舒服。

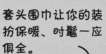

窄腿裤能把冷风挡在外边。

美妙一瞬

时尚设计师需要漂亮的照片来设计网页、T台秀和杂志专题。不管是你自己独立构思的装扮，还是这本书启发你设计的装扮，不妨穿上它们，用手机或拍立得相机拍几张照片！

怎么拍照才好看？

- 请你爱好摄影的朋友帮忙，并在拍摄前做好规划。
- 用音乐来营造氛围。
- 尽可能使用自然光线。
- 不要弯腰驼背。
- 如果拍照时你觉得不好意思，就闭上眼睛几秒钟，想象自己身处一个快乐的地方。
- 开心地笑（镜头前不要严肃地板着脸，高兴点）。

自然外景

因为有自然光线的帮忙，以大自然为背景的照片有种无与伦比的美。白天的日光让照片看上去赏心悦目；即便赶上阴天，阳光也会穿过云层照射下来。

让朋友用仰角拍照，就可以把云朵请来做你的照片背景了。

融入大自然，借自然之力展现你绚丽夺目的一面吧。叶子或树枝可以帮忙修饰你的脸部。

提前准备些有趣的道具，好在拍照中使用，比如花朵、气球，或是玩具。

城市街景

街头风格的摄影会让镜头前的你熠熠生辉。走上街头拍下你精心设计的装扮，然后亲手用照片做一本杂志或时尚手册。

摄影时构图不可或缺，它是指对照片中一切内容（包括人物）进行布局。

四处走走瞧瞧，为你的拍摄找到合适的街景。即便是熟悉的老地方，换个新视角说不定会获得新体验！

请多多留意城市角落的那些有趣的纹理！它们也许是在砖块上、钢制品上、混凝土上或石头上。

卧室内景

为了确保每个细节都看起来美美的，专业摄影有时候需要整个团队来合作。所以，你可能需要招募成员，搭建 DIY 背景，然后开拍特写照片！室内摄影需要注意的是，要尽量多加利用窗外的自然光。

可以用彩带布置一个拍摄背景。剪好彩色纸带，然后把它们悬挂起来。

也可以用纸剪裁出各种大块形状，打造几何图案的拍摄背景。

用单色背景更能彰显帅气的质感和轮廓。你不妨找一张特别大的彩纸当背景。

从宇宙中汲取灵感。不妨将月亮、星星的形状和光辉带到装扮中来。

月亮和星星

夜空蓝

灰褐色

用这万花筒般多姿的夜的色彩，来设计一身绝妙的装扮。

淡蓝色

入梦乡

在不眠之夜跟朋友和家人共度良宵是多么美妙、多么令人难以忘怀啊！瞧瞧我为你罗列的这些东西，有没有找到些灵感来设计一身超舒适的睡衣装扮？做个甜甜的梦哟！

小彩灯

用小彩灯装饰房间，打造梦幻的安睡或工作空间。

枕头大战！

羽绒枕一般由鹅绒和鸭绒填充而成。

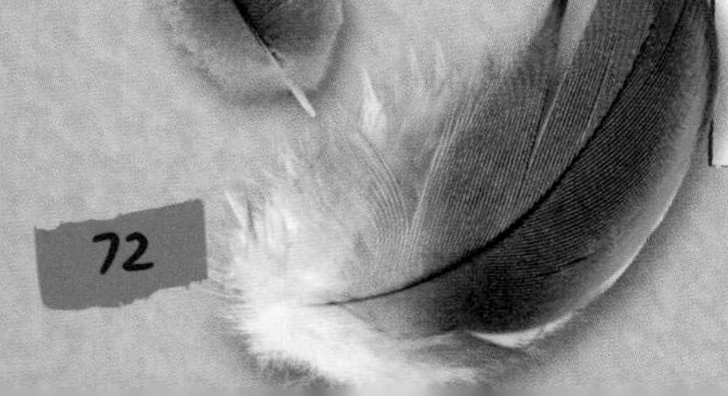

羽毛边缘既有修长的，也有毛茸茸的。

重要提示

用一根羽毛做书签。也可以用你最喜欢的美术工具把卡片装饰一番后来做书签。

打盹的北极熊

你知道吗？猫咪每天睡16—20个小时。那毛茸茸的手感，还有那股慵懒劲儿，你能通过服装传达出来吗？

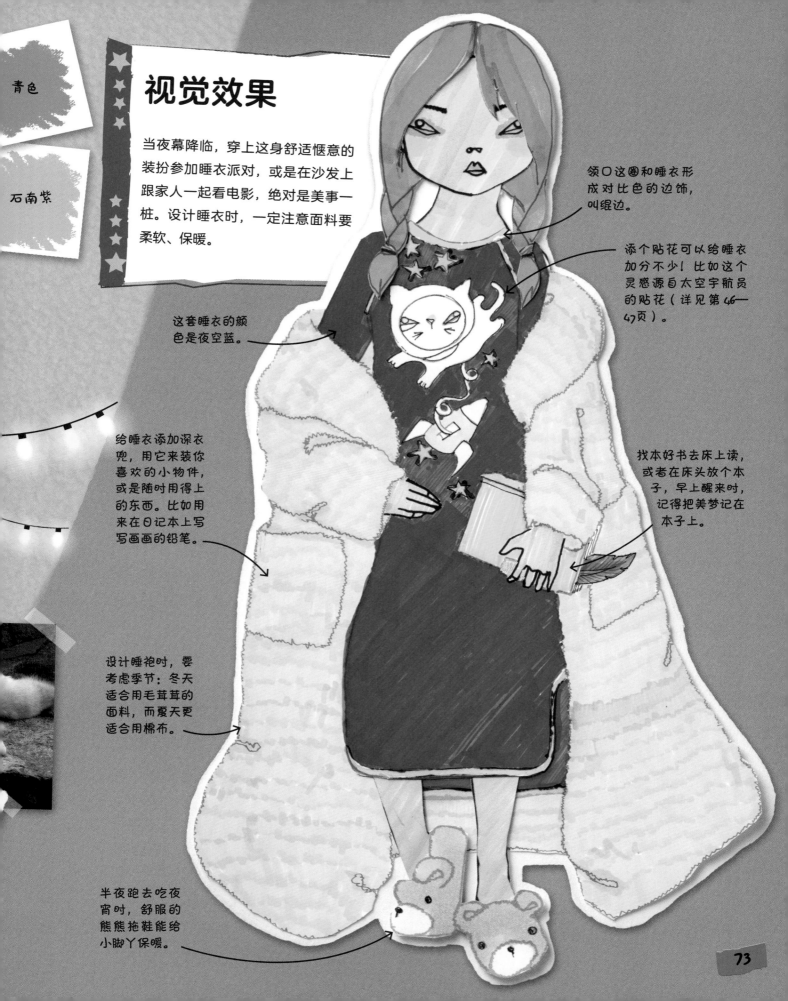

青色

石南紫

视觉效果

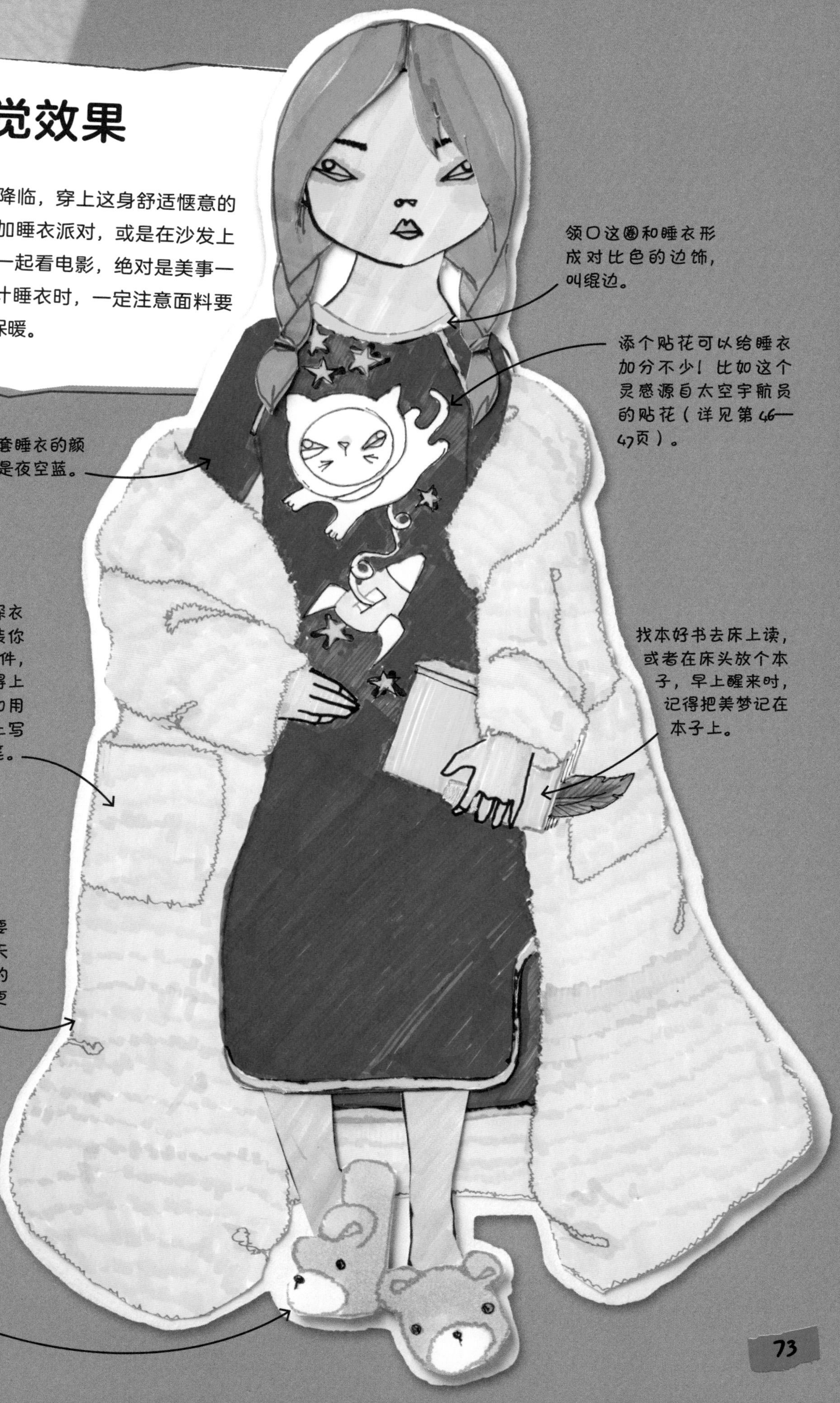

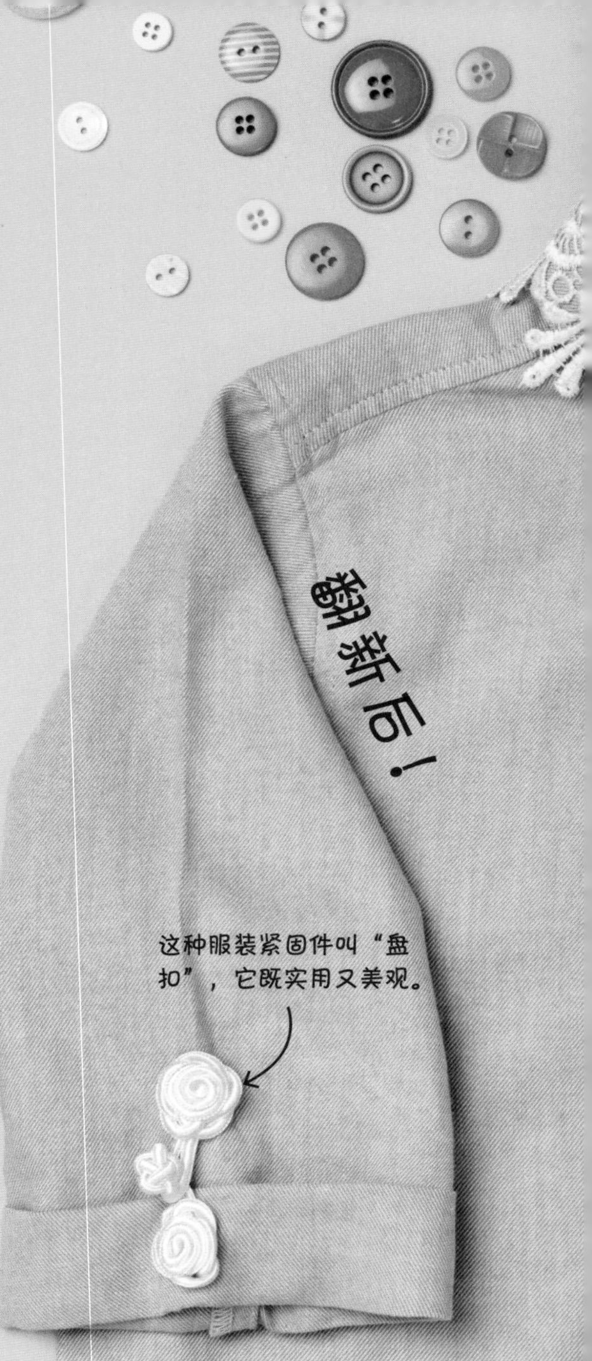

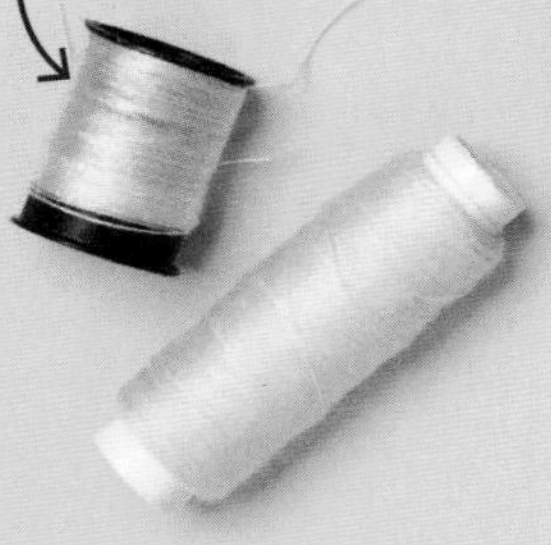

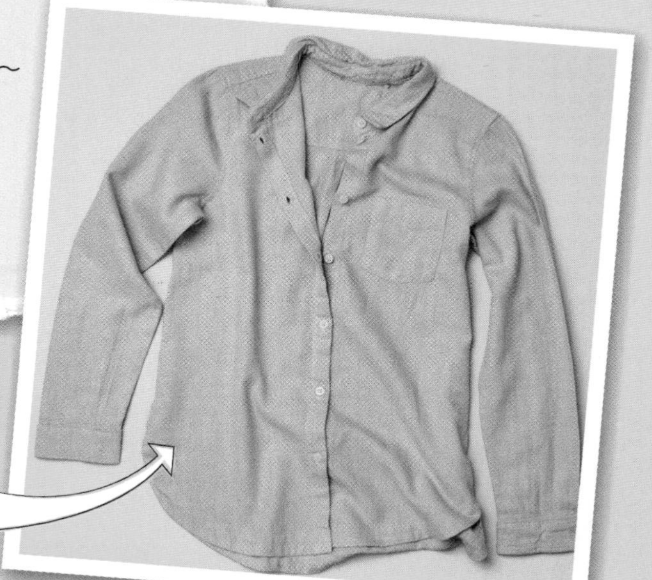

视觉效果

当夜幕降临，穿上这身舒适惬意的装扮参加睡衣派对，或是在沙发上跟家人一起看电影，绝对是美事一桩。设计睡衣时，一定注意面料要柔软、保暖。

青色

石南紫

领口这圈和睡衣形成对比色的边饰，叫绲边。
添个贴花可以给睡衣加分不少！比如这个灵感源自太空宇航员的贴花（详见第46—47页）。
这套睡衣的颜色是夜空蓝。
给睡衣添加深衣兜，用它来装你喜欢的小物件，或是随时用得上的东西。比如用来在日记本上写写画画的铅笔。
找本好书去床上读，或者在床头放个本子，早上醒来时，记得把美梦记在本子上。
设计睡袍时，要考虑季节：冬天适合用毛茸茸的面料，而夏天更适合用棉布。
半夜跑去吃夜宵时，舒服的熊熊拖鞋能给小脚丫保暖。

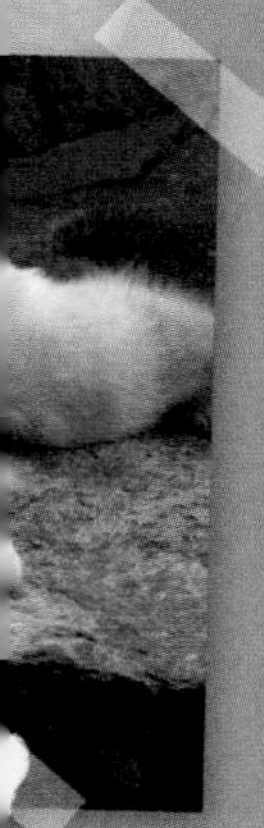

自己动手做

衬衫大救援

衣服穿腻了该怎么办？你可以花些小心思将它们改造一番，让旧衣换新颜。还记得前面学过的平缝针（详见第7页）吗？现在，找出一件穿腻的衬衫，准备好针线包，动手做起来吧！

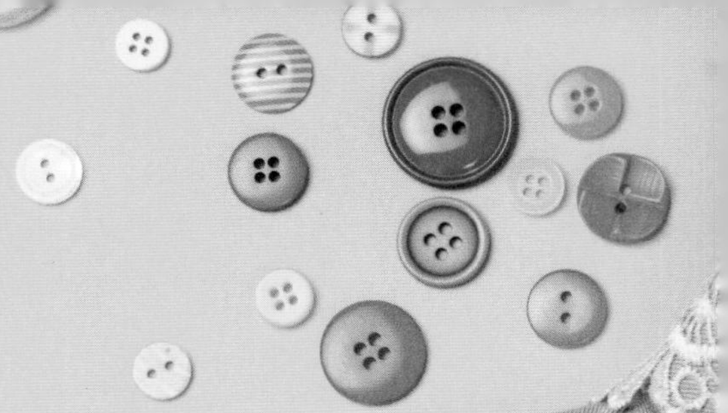

这种服装紧固件叫“盘扣”，它既实用又美观。

要是没有和衬衫颜色相近的线，也可以试试对比色系的线。

必备材料

- 穿腻的衬衫
- 针和线
- 纽扣和服装紧固件
- 边角布块
- 蕾丝花边

翻新前

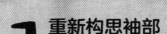

1 重新构思袖部

将袖子向上卷起，然后用盘扣固定住。如果还是松松垮垮的，不妨用平缝针加固一下。

2 添加蕾丝衣领

沿着衣领用彩珠针将蕾丝花边别上，确定好长短再动手缝。缝的时候用平缝针，把蕾丝花边平平整整地缝在衣领上。

3 缝上衣兜

用边角布块小心剪出衣兜的形状，把它缝在衬衫上。布块四周的毛边可以保持不变，但如果你想让衬衫翻新后变得精致优雅，不妨把布块的毛边向里翻折后再缝。

蕾丝花边加到衬衫上也很可爱。
衣兜不要封口，方便放个耳机或唇膏之类的。
围着布块细密地缝上一圈，免得开线。

4 更换纽扣

想让衬衫变得更有趣吗？最简单的办法就是更换纽扣！你可以用颜色相近的纽扣，也可以多种颜色混用。

挑战自己

当年生活在古印度河流域的人们会用贝壳做纽扣，而现代时尚设计师多会使用蕾丝、安全别针以及子母扣儿等。你会为衬衫选用哪一种纽扣呢？

为自己设计一件T恤衫

一件纯白色T恤衫就好比一张空白的画布。你最喜欢什么食物、动物、娱乐活动？尽管把相关的图案加上去！

表达你自己

在这件纯白T恤衫上尽情涂鸦吧。

用你最喜欢的颜色。

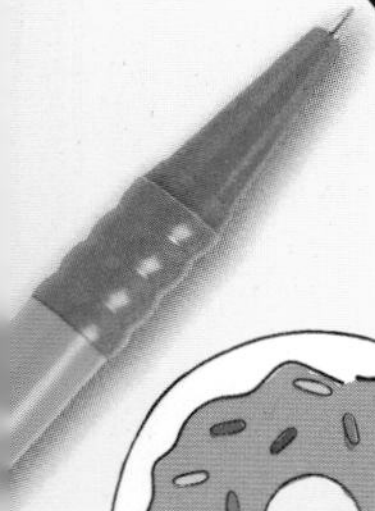

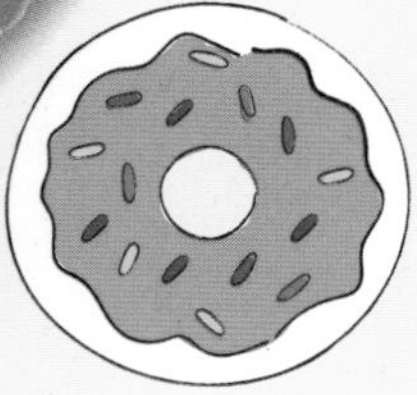

可以在设计中使用
些词或句子。

喂！

哈哈

我爱猫咪

画上你最喜欢的东西。

添加图案

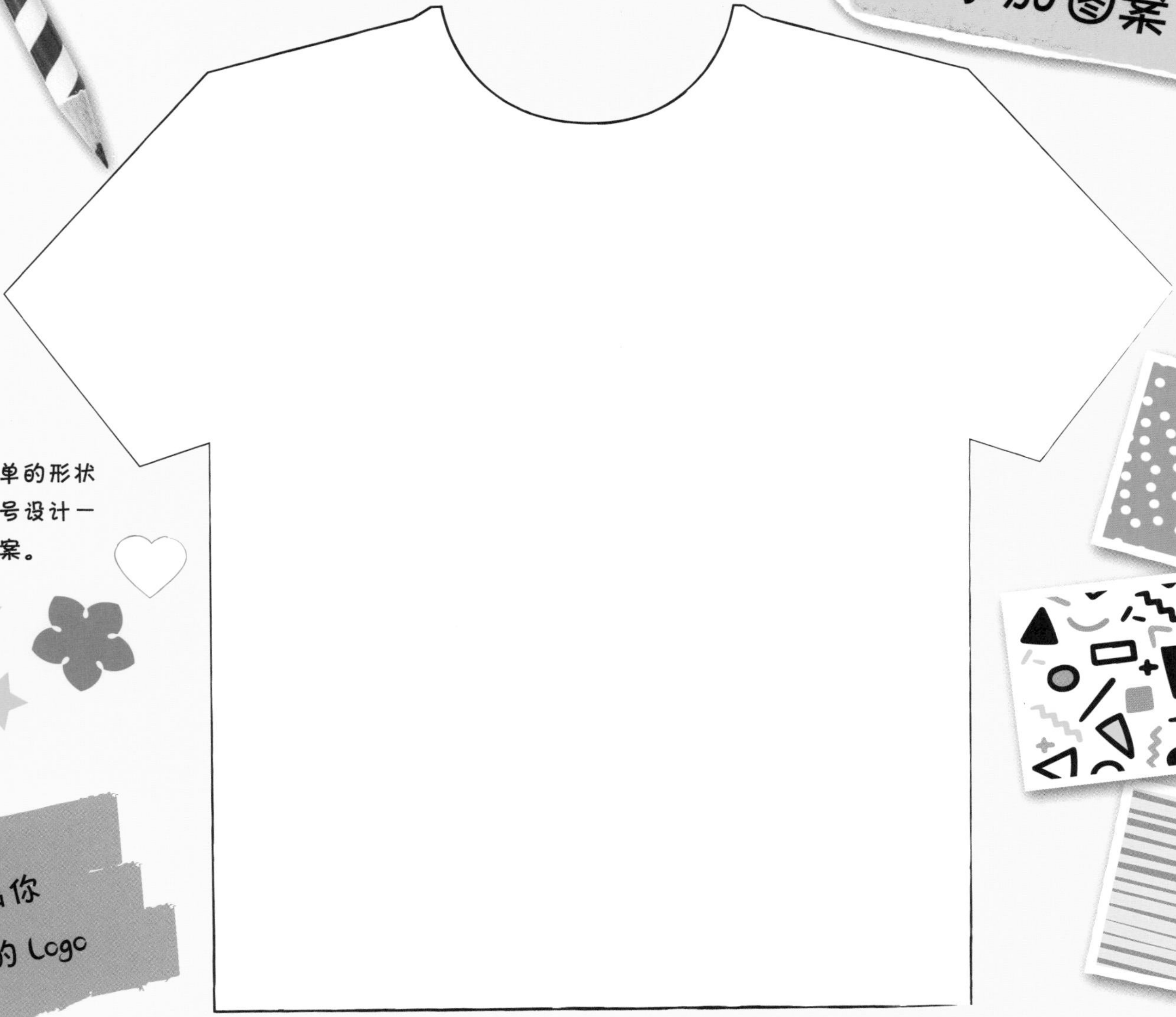

用简单的形状和符号设计一种图案。

设计出你自己的Logo

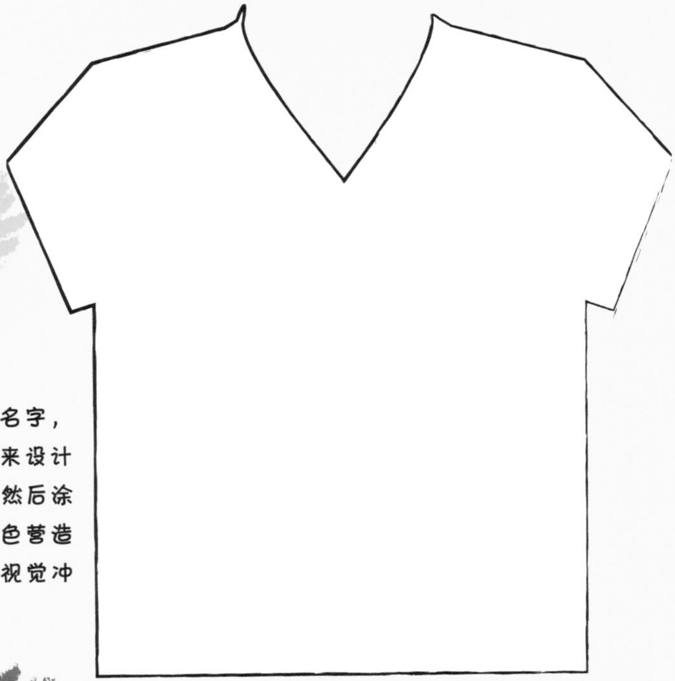

这个领口加什么样的花边好看？

写下自己的名字，再添加形状来设计你的logo，然后涂上一两种颜色营造出更强烈的视觉冲击力。

为自己设计一条**裤子**

先选定一款裤型，然后添加上帅气的装饰物，来为自己设计一款完美裤装吧。你不妨先在这些模板上画画看，最后在速写本里敲定设计方案。

花边

可以添加到裤腰上，也可以用来装饰裤脚。

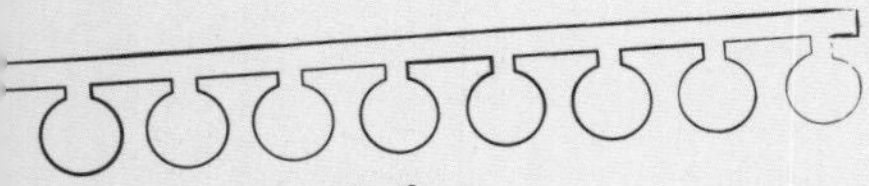

小绒球

花朵

图案

你是喜欢让整条裤子都有图案，还是仅仅用上几个带图案的补丁贴？

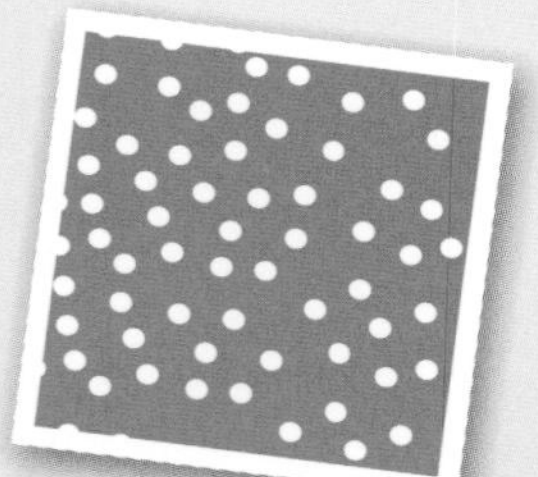

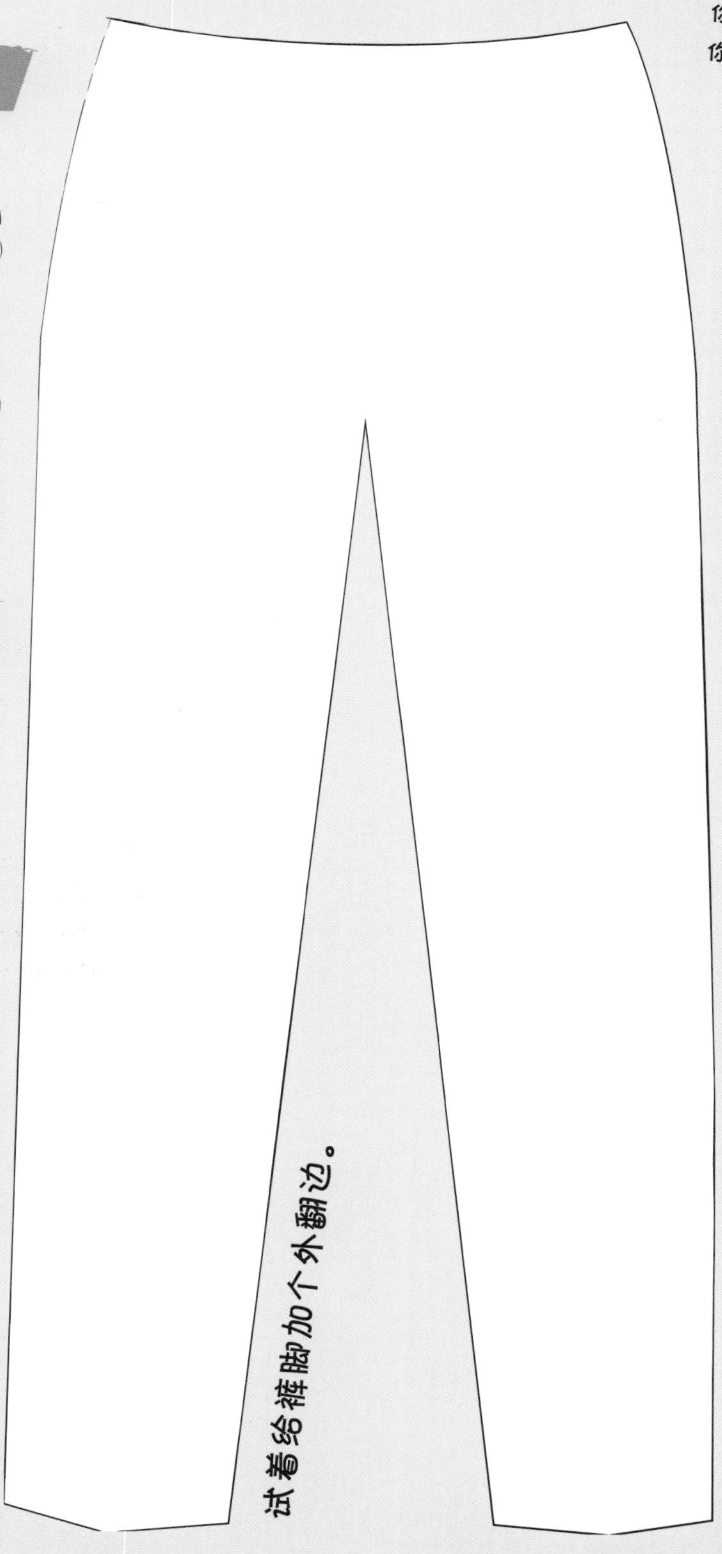

直筒裤

选择裤型

你最喜欢什么裤型的裤子？你做什么时会穿上它？

喇叭裤

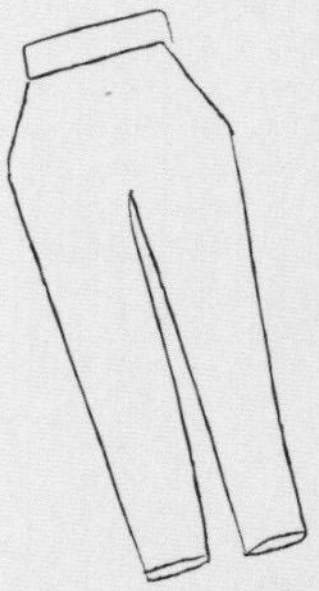

西裤

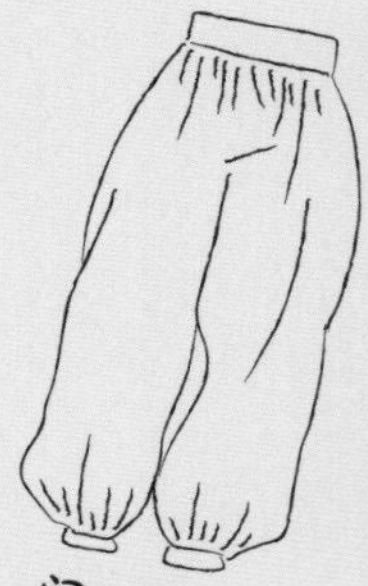

阔腿裤

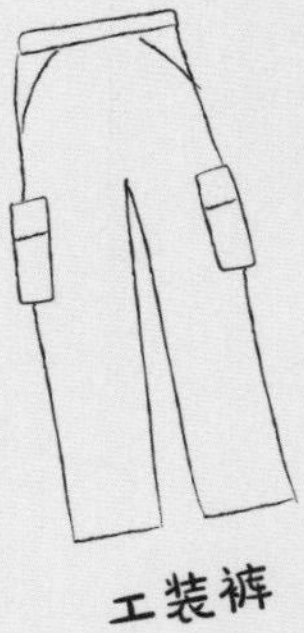

工装裤

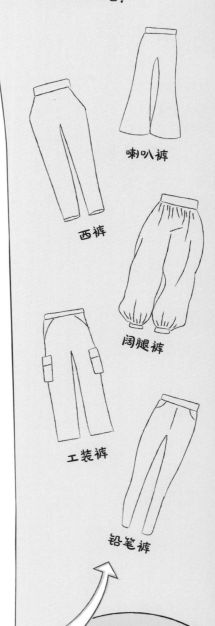

铅笔裤

把选定的裤型画在速写本上，然后添加颜色和图案。

画出牛仔裤的设计图

如何才能让设计图看起来更逼真？要确保细节处不出错才行。把裤子涂成蓝色，还要记得在裤兜上画出铆钉。

可以添加一些撕口和破洞。

再加上宽款或窄款的腰带。

正面

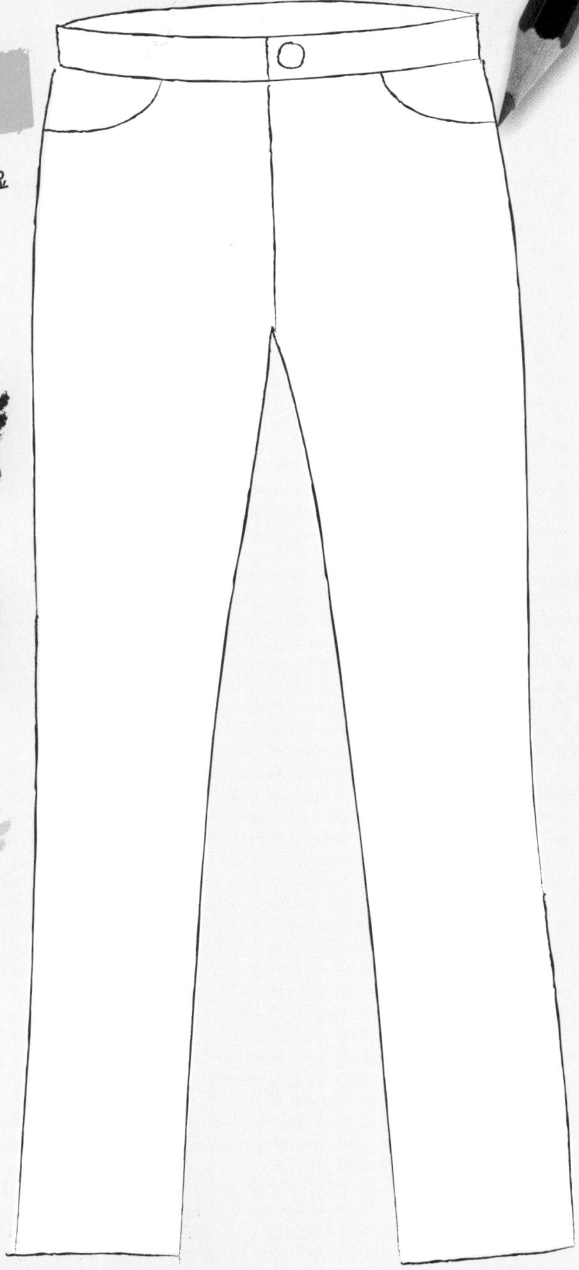

背面

选取任意颜色

彩色的裤子彰显时尚感觉。

添加补丁贴

从你喜欢的东西中找寻灵感，设计出几款补丁贴吧。

为自己设计一条半身裙

端详、比对一下这些裙子模板，然后给自己选一款裙型。裙型一旦选好，就可以上色、加图案了。你会给自己的这条裙子加上什么有趣的细节？

飘逸的裙子

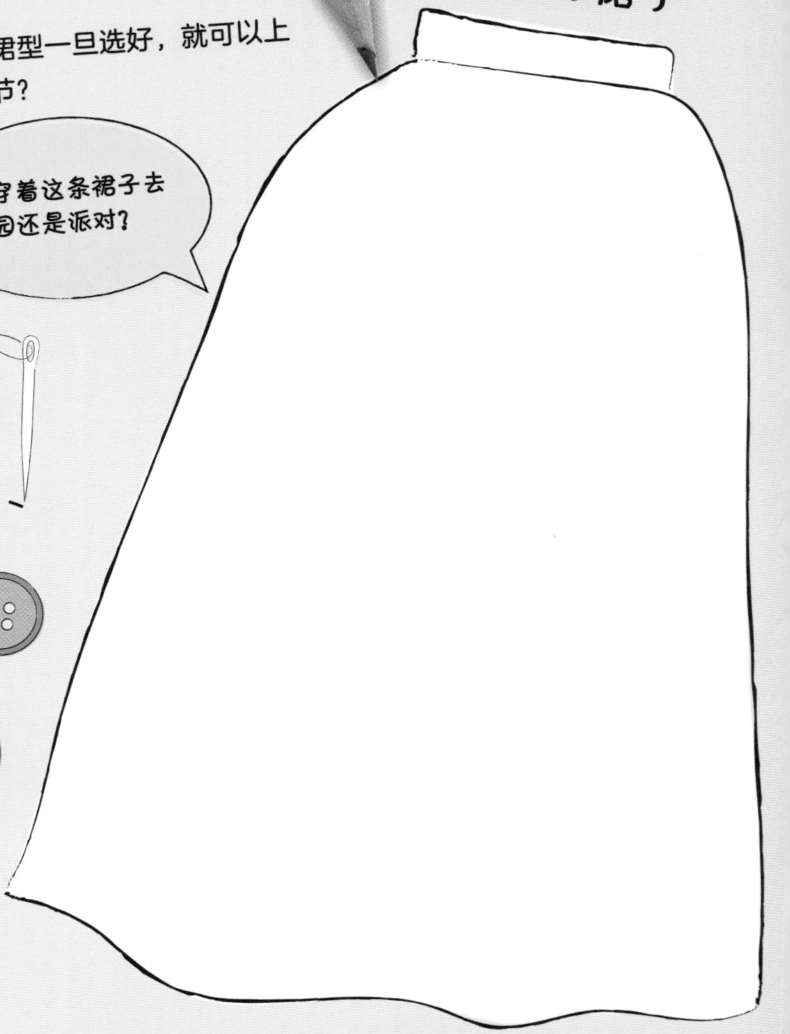

你穿着这条裙子去公园还是派对？

你的图案你做主

不妨给你的裙子设计一款大胆夸张的图案（去第20—21页找找思路）。飘逸的裙子上加什么图案效果最好？西服裙呢？

用对比色的笔画出缝线。

你想给裙子钉上纽扣吗？

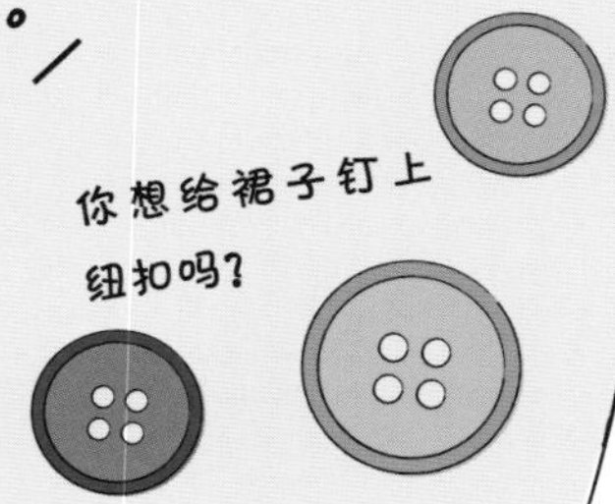

西服裙

选一种裙兜

你喜欢大裙兜还是小裙兜？不妨选一种添加到你的设计中。

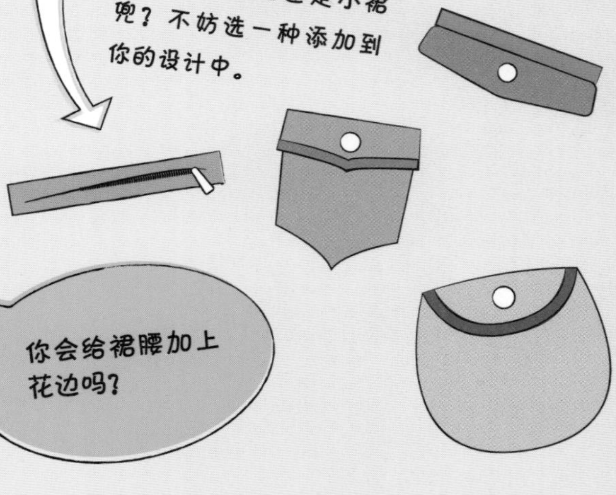

你会给裙腰加上花边吗？

为纸片娃娃设计一套装扮

记得为她画出
美丽的头发和
肤色。

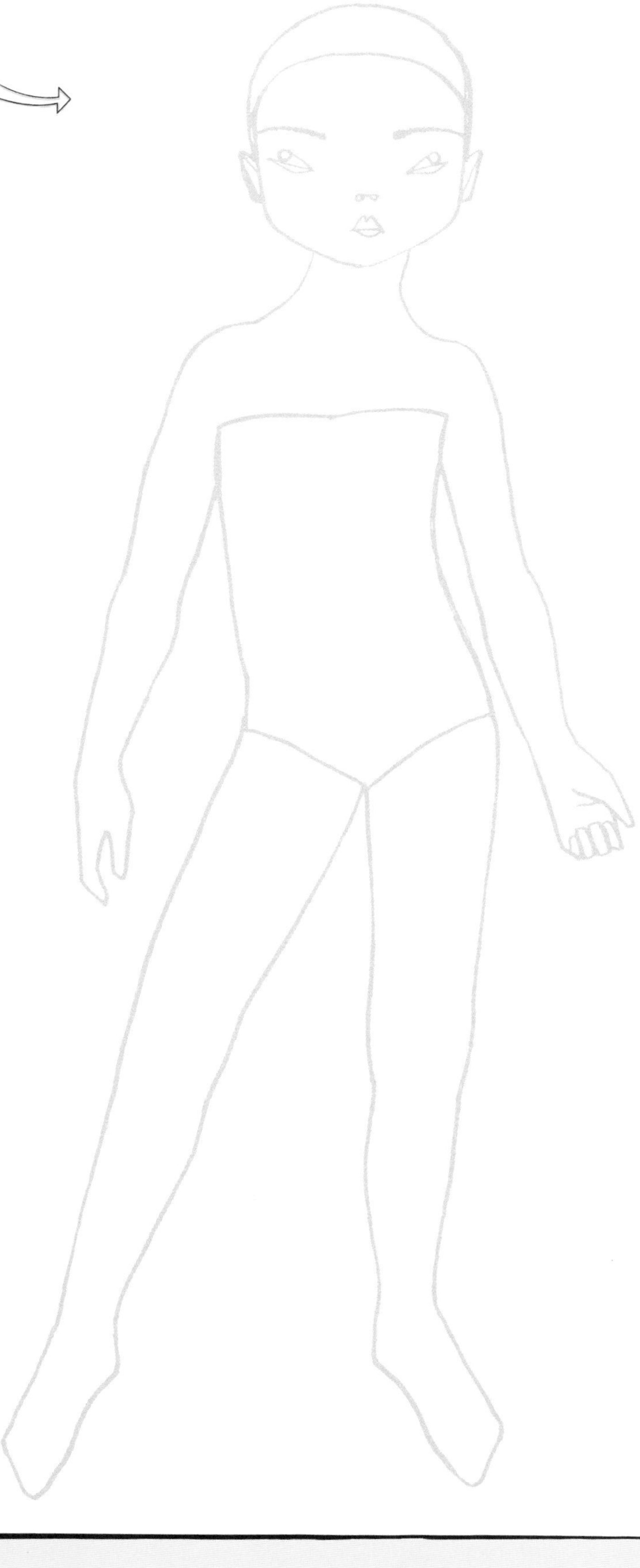

什么样的上衣跟你
设计的裙子最配？

短裙

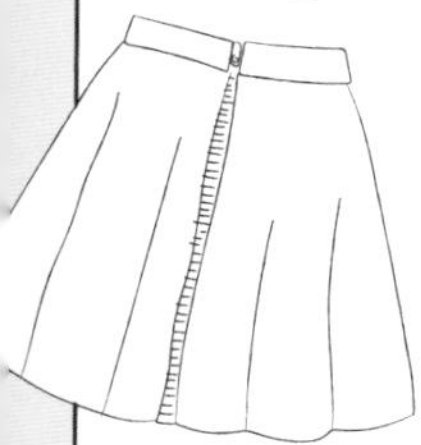

你可以把自己设
计的长裙、短裙
还有及膝裙画在
速写本上。

及踝长裙

试试给裙子设计
一个双层、长短
不一的裙摆。

再设计一双鞋子
吧，这样整套装
扮才圆满。

芭蕾舞裙

为自己设计一条项链

项链可以小巧而雅致，也可以够大、够夸张。你来试着给自己设计一条字母项链吧，或是设计一条坠饰项链——什么形状都可以，只要你喜欢。

画出成串的亮片或珠子来设计一条项链。

去第64—65页找找思路吧！

为纸片娃娃画上你设计的项链，看看效果如何。

你可以选闪闪发光的宝石，也可以选厚实的塑料制品来设计项链。

为自己设计一项帽子

帽子等头饰可以说是整套装扮的点睛之笔。无论你是喜欢温暖的冷帽，还是迷人的宽边夏日遮阳帽，只要有想法冒出来，不妨就记在这里。

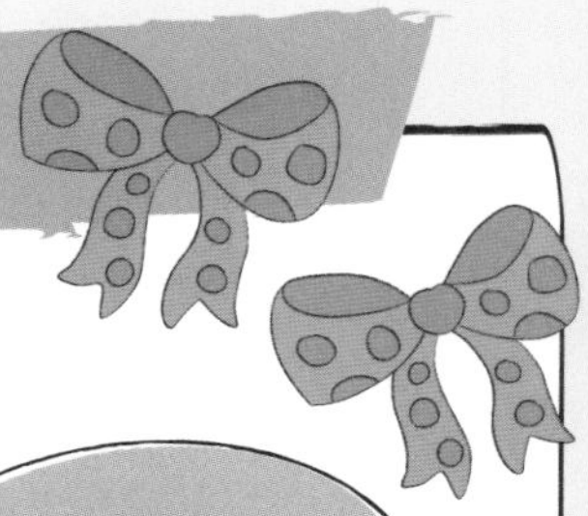

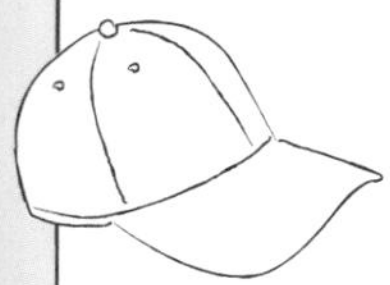

再看看第40—41页的帽子，找找灵感。

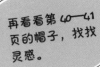

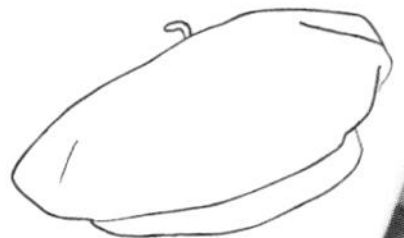

你会戴着帽子去哪里？

你设计的帽子是适合冬天戴还是夏天戴？

可以添加一些张扬的羽毛和丝带。

为自己设计一个包包

东奔西走免不了要带上零零碎碎的杂物，可有时候一个衣兜根本装不下！速写本、钢笔，还有可能随时要穿的针织套衫……来设计一个包包吧，把你一整天用到的物品都装进去！

你会用包包装什么东西呢？

包包的内兜和衬里也要设计。

你的包包如何闭合？

不妨再看看第24—25页的包包，找一下灵感。

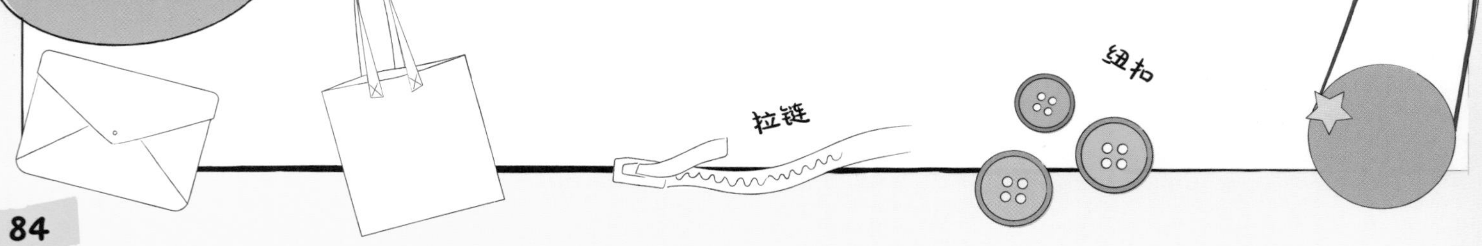

为自己设计一双鞋子

鞋子不仅包括下端的鞋底、鞋子主体，还包括将鞋固定在脚上的鞋带或粘扣带。你不妨用这个模板多测试几种设计方案，然后画下你为自己设计的鞋子。

鞋底和鞋面尝试不同的颜色！

为鞋面设计一款图案。

还可以在鞋带上添加一个大蝴蝶结或流苏。

画几款夏季凉鞋（详见第34页）。

设计一双舒适的冬靴。

流苏

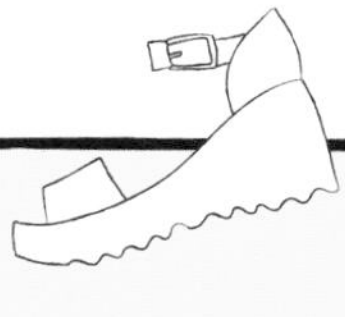

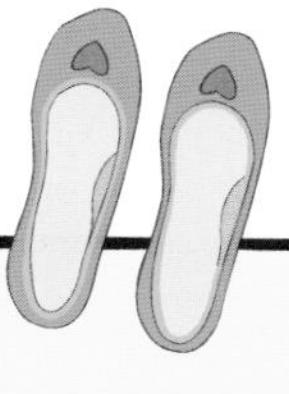

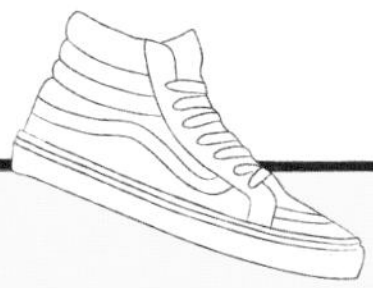

鞋子上的带扣

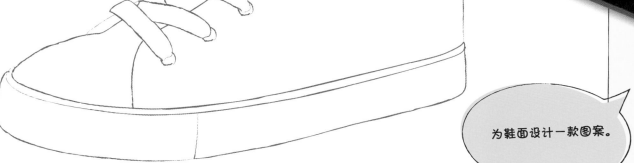

为自己设计一条连衣裙

连衣裙有运动款、休闲款、正式款和宽松款。试着设计一款日常穿的连衣裙和正式场合穿的晚礼服。这两款连衣裙的不同之处在哪里？你穿上后感觉如何？

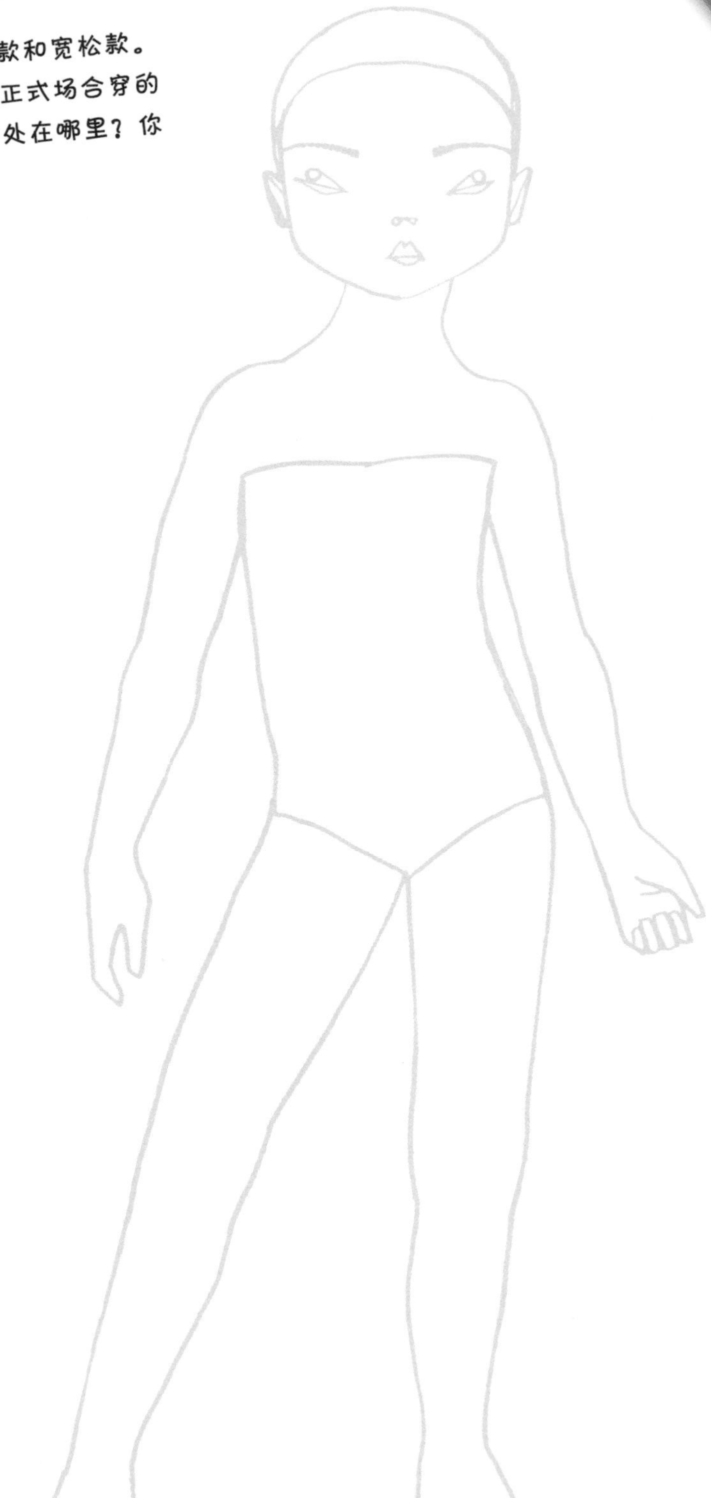

你设计的连衣裙是什么形状的？

不妨先写下你想要的质感和颜色，然后从中找到设计灵感。

画出你梦想中的连衣裙

你的连衣裙有多长？

秀出连衣裙

为纸片娃娃画上一身光彩照人的连衣裙装扮。

你会用什么面料制作连衣裙？是牛仔布，还是有弹性的棉布？如果用的面料不同，设计上该做哪些改变？

你的连衣裙有或长或短的袖子吗？

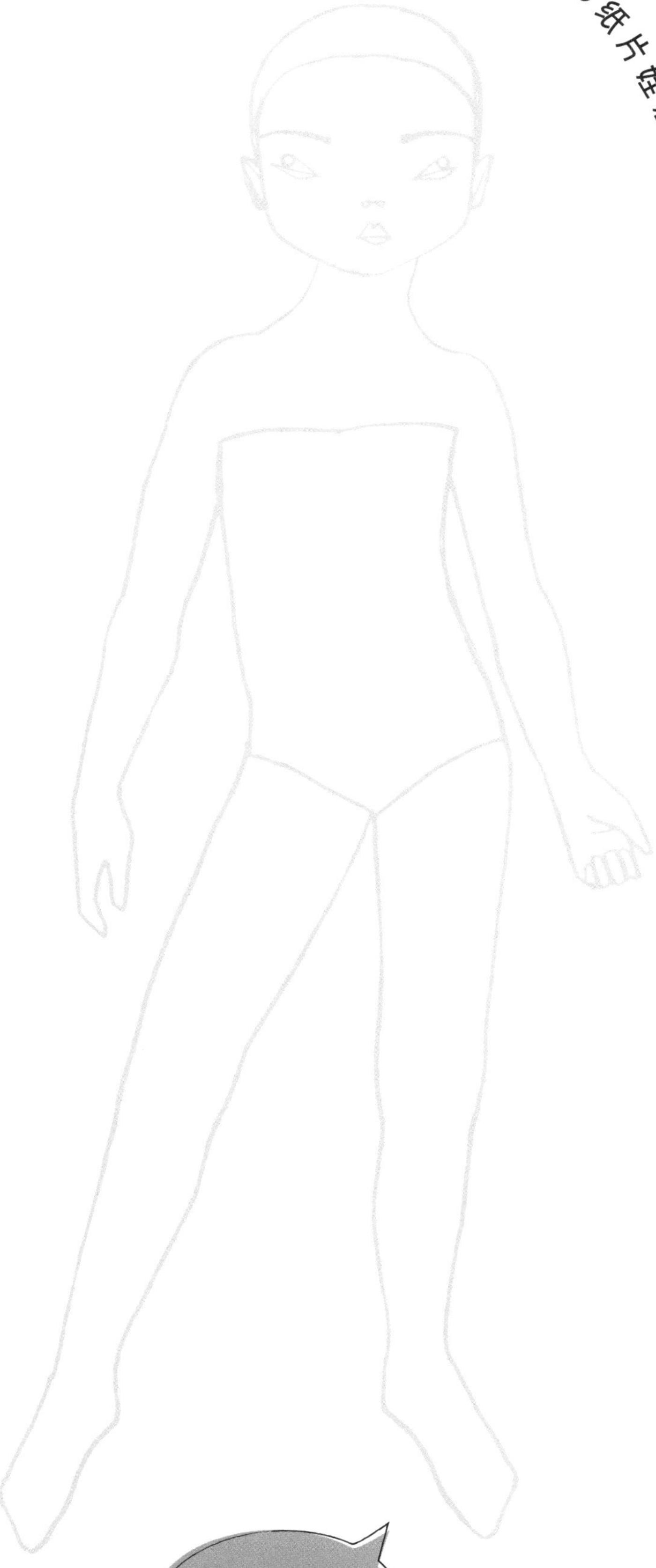

还可以用项链锦上添花。

再画上鞋子，打造整体装扮效果。

为自己设计一套**完美装扮**

从上衣到裙子，你设计了个遍！
现在，把它们搭配在一起，
设计出一身能彰显你独特风格的漂亮套装吧！

首先用你最喜欢的颜色做一个调色板。

再做一个情绪板来启发你设计。

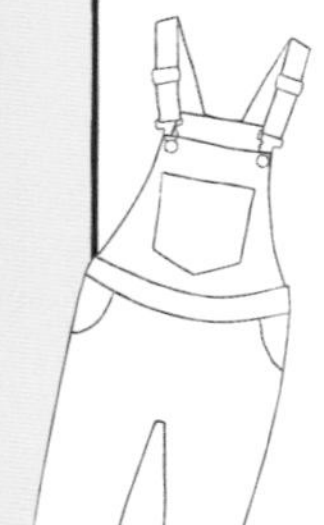

你会穿上这身套装去哪里呢？

你的风格是朴素还是时髦？

或是大胆而张扬？

为纸片娃娃画上你设计的套装。

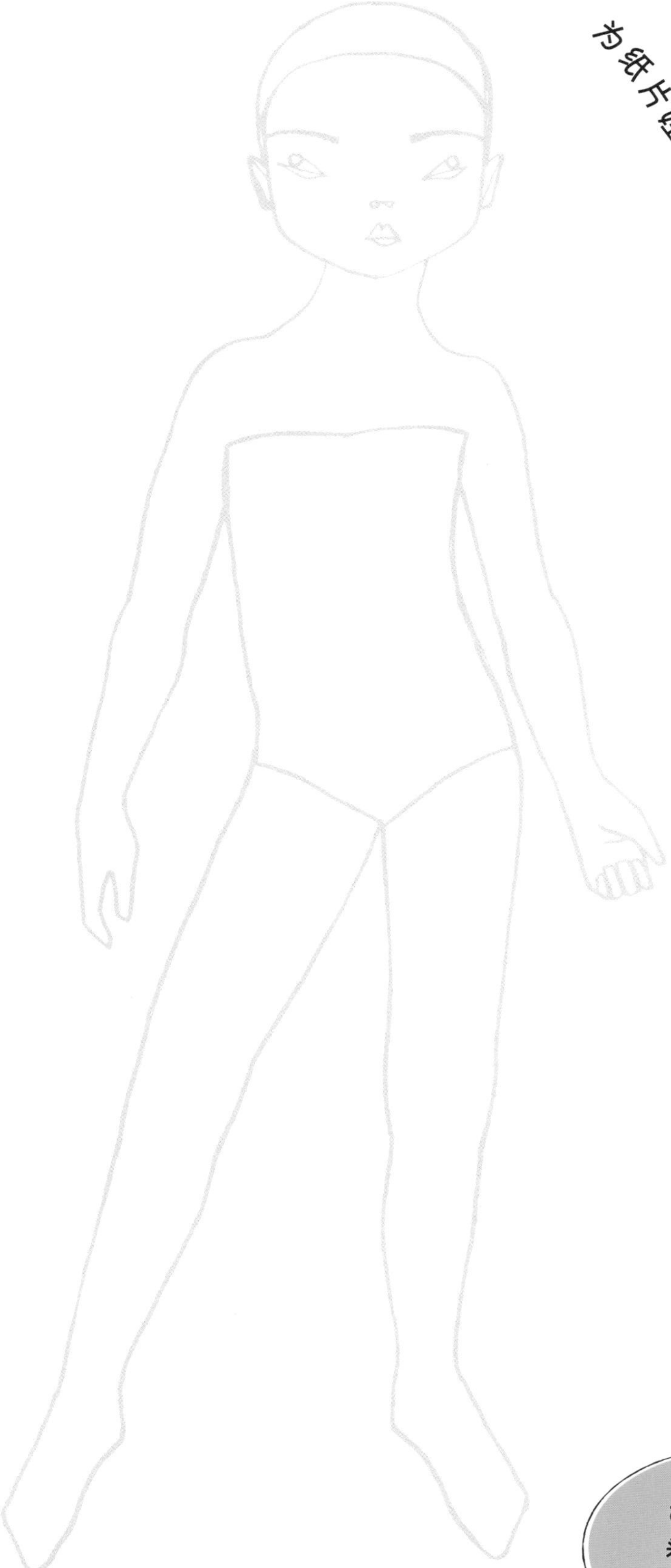

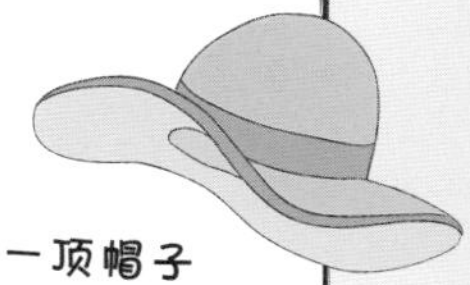

头上加一顶帽子或一根发带。

为你的完美度假设计一款套装。

你设计的套装是晴天穿还是雨天穿？

可以用粗头笔和细头笔画出更大胆或更精美的细节。

设计更多款**完美套装**

短裤、短裙、西裤、连衣裙、连体裤、牛仔裤、T恤衫或是女装衬衫，将它们搭配在一起，画出你梦想中的套装！

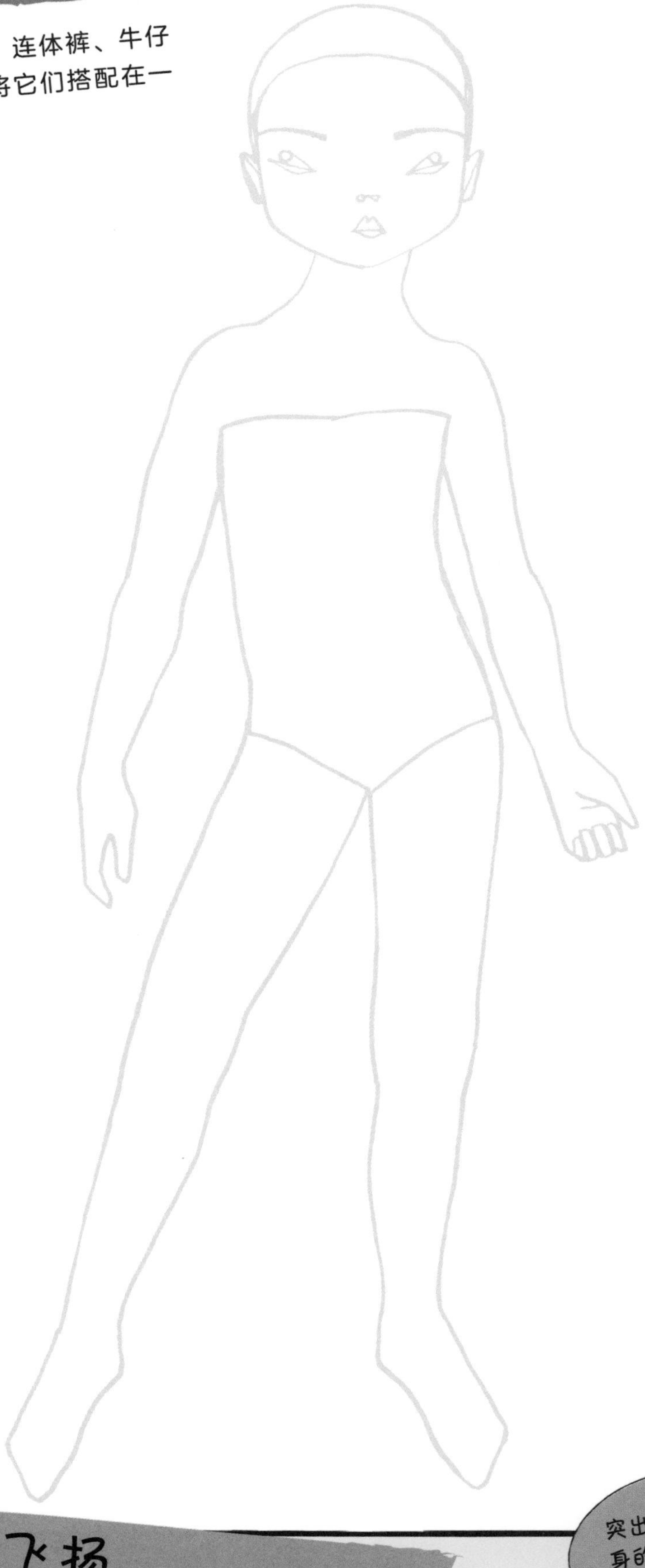

如果你还需要灵感，不妨再翻一翻这本书。

最后的神来之笔可以是件大衣，也可以是件夹克。你可以再看看第68—69页的内容，找一找外套穿搭的灵感。

让想象力尽情飞扬

突出上半身和下半身的廓形，不妨都试一试。

你的灵感是什么？

在为这个纸片娃娃画出套装之前，多熟悉一下廓形（详见第26—27页）。

在速写本里，不妨试着为同一款套装换几种颜色看看（详见第10—11页）。

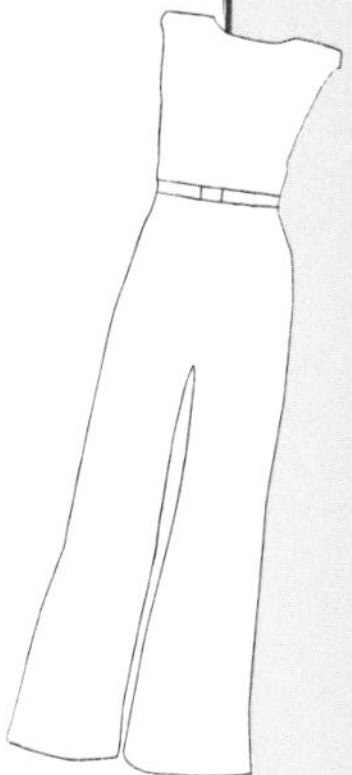

记得给套装再加些配饰。

再用金属色马克笔添加些细节亮点。

加上衣兜和纽扣，这样套装会显得更加逼真。

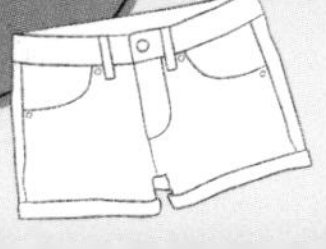

时尚设计师会说什么？

时尚设计师在谈论设计创意时，总会用一些专业词语和句子。那么接下来我们不妨一起学习学习，看看怎么说话才能更像个时尚设计师。

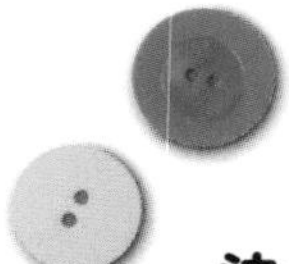

服装配饰

额外添加的一类能跟套装相搭配的物件，比如项链或包包。

品牌

用来识别产品的某一名词、句子、符号、设计，或它们的组合。

时尚

“时髦”的又一说法。

色块拼接

在单一套装中拼搭一种或多种单色色块。

DIY

自己动手做（全写为 do-it-yourself）。

染色

用染料改变织物的颜色。

装饰

装点、美化某物。

时装眼镜

时髦眼镜或太阳镜。

时尚设计师

以不断构思设计新款服饰为职业的人。

面料纤维

构成面料的极纤细的丝状物质。

服装磨损

布料磨损之处。

服装

“衣服”的又一说法。

头饰

戴在头上的配饰，比如帽子、头巾或皇冠。

底边

一件衣服上或折叠或缝起的边缘处。

灵感之源

启发你的人或物。

翻新

改变以往的装扮方法或改造服装，尝试一种新风格。

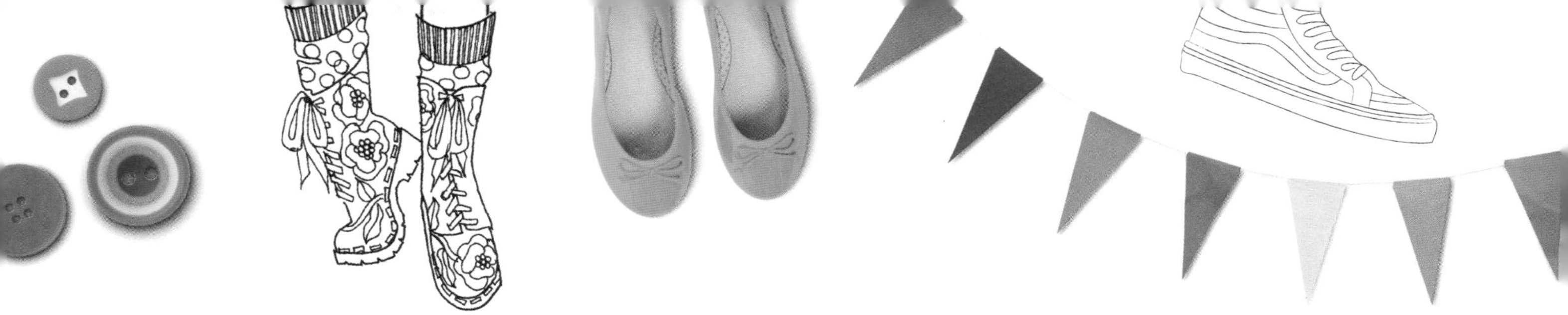

单色的

由单一颜色构成的。

情绪板

有颜色、质地、图画和物件等元素的板子，可以启发你的灵感。

天然的

由植物和动物纤维（比如棉花或羊毛）制成的天然材料。

外轮廓线（廓形）

服装边缘依形状构成的界线。

调色板

在设计中所运用的一系列色彩。

淡色

色调柔和的颜色，比如丁香紫或婴儿粉。

图案

有装饰意味的、结构整齐、匀称的花纹或图形。

循环利用

对废弃物加以使用。

睡衣

睡觉时的穿着。

风格

对服装、配饰加以搭配组合而呈现出的整体视觉效果。

造型师

以搭配服饰等为职业的人。

可持续时尚

在满足当代人对于设计、制造、消费服饰和维护时尚体系发展需求的同时，尽最大可能保护环境的行为。

面料样品

小块布料。

人造材料

通过化学方法等人工合成的材料。

质感

从视觉或触觉角度，对物体的感觉和感受。

潮流

流行于特定时期的妆容或穿搭。

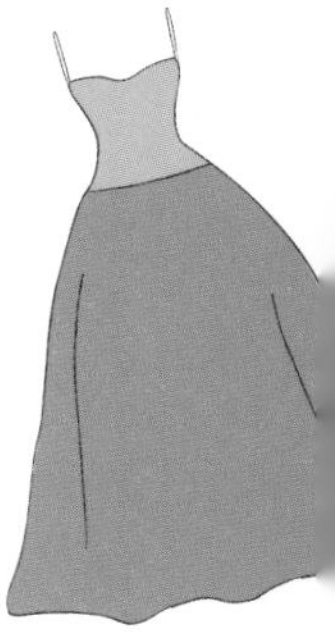

花边

用来使某物看起来更美的装饰品。

升级改造

对东西加以改善，从而实现再利用。

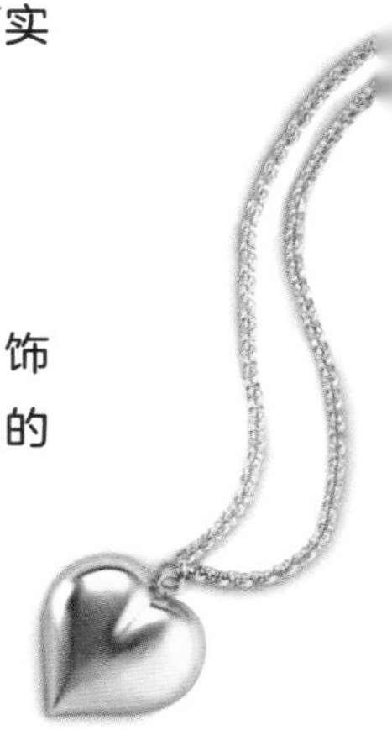

古着

过去一度流行过的服饰（比如 20 世纪 80 年代的服饰）。

服装体积感

一件衣服所占的空间量。

衣柜

存放衣物的柜具。

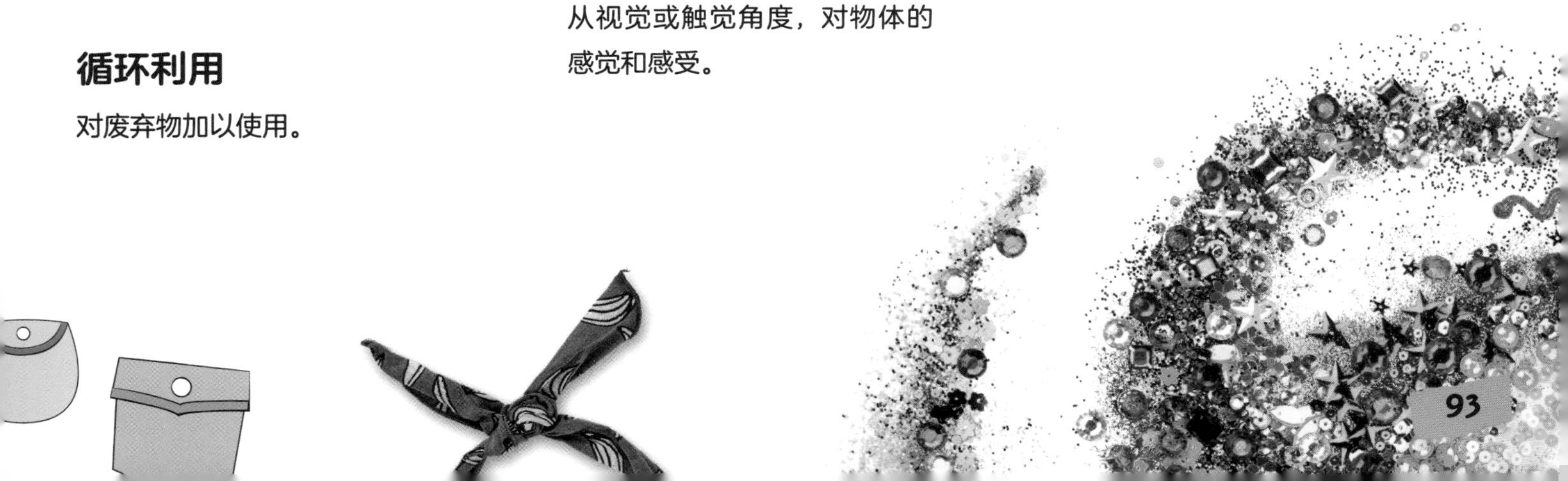

索引

B

百褶连衣裙67

棒球帽40

宝石13，39—40，63—67，82

贝壳24，36—37，75

贝雷帽40

背心15

波点21，34，54，56

波希米亚18，45，57

布，织物20

布料胶6，46—47

布料专用笔7，22—23，32

布用颜料6

C

彩色马克笔6

彩色铅笔6

彩珠针7—9，47，75

草编包24

草帽40—41

潮流93

长袖运动衫15，53

衬衫27，43，55，74—75，90

冲锋衣68

粗布工作服32

D

搭扣45

淡色10，15，28，49，93

灯芯绒68

底边92

吊带衫27

吊坠64—65

DIY 30，63，71，92

动物46—47，55，76，93

斗篷毛衣68

短裤15，49，90

对比色11，28，73—74

E

鹅卵石36—37

耳饰29，64—67

F

发饰15，45，53

翻新30，33，42，74—75，92

费多拉帽40—41

缝纫4—5，7，35

服装紧固件74

服装体积感26—27，93

G

格纹20—21，54

工具6—7，24，35，72

古埃及人66

古埃及王后奈费尔提蒂66—67

光12—13

绲边73

H

旱冰鞋34

和纸胶带6，38—39

盒子35

蝴蝶结28—29，31，85

花卉图案20—21，45

J

吉他58—59

嘉年华盛会12—13

剪刀5，7，32，46

胶带6，38—39，63

戒指64，67

金64

金属色鞋子52，62

紧身裤21，35，42，68

K

开襟羊毛衫43

可可・香奈儿26

宽檐帽40

廓形12，26—27，90—91，93

L

蜡笔6

蕾丝33，57，74—75

冷帽21，40，83

连帽衫43

连体裤，连体衣13，25，90

凉鞋，凉拖34，43，53，67，85

亮点38，48，60，62，91

亮片6，28，33，39，60—63，82

灵感之源8，92

logo 77

M

马克笔6，46—47，91

玛丽珍鞋34

毛糙50

毛茸茸的50，52—53，69，72—73

毛毡44，46

棉布22—23，27，51，73，87

棉线7

面料

  冰染15—17

  黑与白54，57

  派对装扮28

  样品7，9，53，93

  印章图案22

磨边，服装磨损31，33，92

木底鞋45

N

牛仔布30—33，50，91

牛仔夹克30—31，42—43

P

派对28—29，43，58，73，80

盘扣74

配饰18，30，36，43，91—93

皮革，人造革33—34，50，57

平缝针7，31—33，47，74—75

Q

铅笔6，32—33，73

犬牙格纹（千鸟格）54

裙子27，32，34，80—81

R

人造材料93

人造毛皮51，54
人字拖35

S

设计
- 半身裙80
- 包包84
- 裤子78
- 连衣裙86
- 帽子83
- 套装88—91
- T恤衫76
- 图案20，60
- 项链82
- 鞋子81，85

升级改造93
绳子36—37
圣甲虫66—67
室内盆栽植物44
手链36—37，59，64—65
手提包45，60
手镯13，55，62，67
束发带43
双面胶6，63
睡袍73
睡衣72—73，93
丝绸29，51
丝质面料53
苏格兰格纹20—21
穗儿，流苏24，31，41，85

T

套装
- 古埃及人66
- 海滩之上36
- 黑与白54，57
- 嘉年华盛会12—13
- 闪耀52，62—63，65
- 先看看衣柜42
- 音乐会58
- 自然风45

天鹅绒51
贴花42，45—47，73
头戴式耳机58—59
头巾、围巾13，21，23，41，67—69，92
头饰37，40，83，92
图坦卡蒙66
拖鞋67，73

W

袜子34—35，62，68
外套42—43，64，68，90
晚装包24
无带浅口芭蕾鞋34

X

纤维51，92—93
橡皮印章22—23
小背包24
小荷包24
小绒球6，33，69，78
鞋带35，37，42—43，85
信封包24—25
胸针64，66
熊猫46—47，54—55
袖子12，31，74，87
靴子34—35，43，69
循环利用93

Y

亚麻布51
眼镜5，38—39，48，92
演出18，58
腰带26，45，79
叶子23，44，47，70
衣兜21，73，75，80，91
衣领75
“一脚蹬”（乐福鞋）34，55，69
音乐58—59，70
有绒毛的保暖面料51
羽毛72，83
羽绒外套69
雨靴34，68
运动裤，慢跑裤55，57
运动鞋34，43，59

Z

照片8，36，54，70—71
遮阳伞37
褶皱面料52，66
针织面料52
针织套衫43，55，84
枕头72
植物44，93
指甲油38—39，61，67
质地轻盈的面料51

致谢

DK 出版社向下列人员致以谢意：负责图片工作的洛尔·约翰逊（Lol Johnson）、理查德·林奈（Richard Leeney）；模特儿贝莱·撒克里（Belle Thackray）和伊西·汤姆森（Issy Thomson），一并感谢你们接受采访；协助摄影的田畑由美子（Yumiko Tahata）和玛利亚·汤姆森（Maria Thomson）；模特儿贝蒂·卡普斯蒂克（Bettie Capstick）、洛拉·卡普斯蒂克（Lola Capstick）、迪·克鲁兹（Tea Cruz）、克洛伊·阿莱塞·哈德利（Chloe Alyse Hadley）和贝·莉莉·希尔（Be Lily Hill）；Alison Hayes 公司负责提供样品的耶马·巴塔利亚（Jemma Battaglia）和尼古拉·奥姆（Nicola Orme）；协助编辑工作的阿米纳·优素福（Amina Youssef）；负责附加评论工作的卡丽·洛夫（Carrie Love）；负责追加插图工作的莫利·拉丁（Molly Lattin）；校对员卡洛琳·汉特（Caroline Hunt），以及负责编制索引的希拉里·伯德（Hilary Bird）。

莱斯利·韦尔：感谢母亲和父亲——格温多林（Gwendolyn）和赫伯特·莱斯利·威廉姆斯（Herbert Leslie Williams），感谢双亲赐予自己如此令人称赞的帅气范儿。感谢 DK 出版社极具才干的高效率工作团队！尤其是莎拉·拉特（Sarah Larter）、萨图·福克斯（Satu Fox）、乔安妮·克拉克（Joanne Clark）和艾玛·霍布森（Emma Hobson）。跟他们共事，可谓享尽工作带来的乐趣。当然，还要感谢本书插画师蒂基·帕皮尔（Tiki Papier），感谢她用世界顶级时尚的纸片娃娃为本书增光添彩！

感谢以下人员允许出版方对其拥有的照片进行复制：

（关键词：a—上，b—下/底部，c—中，f—极，i—左，r—右，t—顶部）

2-3 123RF.com: Natalia Petrova / artnata (b/glitter). **2 123RF.com:** Natalia Petrova / artnata (tc). **Dorling Kindersley:** Natural History Museum, London (tr). **4 Eli Dagostino:** (tr, bl) **8 Getty Images:** Image by Catherine MacBride (tr). **8-9 Getty Images:** Daniel Zuchnik (cb). **9 Alamy Stock Photo:** Gina Easley (crb). **Getty Images:** Tracy Packer (cb). **12 123RF.com:** Edlefler (cl); Moise Marius Dorin (bc); Glebstock (br). **Dreamstime.com:** (cla). **12-13 Dreamstime.com:** Burlesck (c). **28 123RF.com:** Frannyanne (tl); Ruth Black (bl, bc); Michal Vitek (bc/Candies). **28-29 123RF.com:** Amarosy (cb); Grafner (t). **29 123RF.com:** Amarosy (bl). **36 123RF.com:** Petra Schüller / pixelelfe (bc); Sergey Novikov (tl). **Alamy Stock Photo:** Feng Yu (cb); Miscellaneoustock (clb). **37 Dreamstime.com:** Ukrphoto (cla). **40 123RF.com:** vitalily73 (cl). **Alamy Stock Photo:** Image Source (bc). **Dreamstime.com:** Lepas (clb). **40-41 Getty Images:** Naila Ruechel (b). **44 123RF.com:** Marigranula (fbl). **Dreamstime.com:** Oleksiy Maksymenko / Alexmax (tl). **45 123RF.com:** Roman Samokhin (clb). **54 123RF.com:** isselee (bc). **Fotolia:** Eric Isselee (bc/Puppy); Jan Will (bl). **54-55 Dreamstime.com:** Stephanie Berg (t). **58 123RF.com:** Alex Kalmbach (bl); Elena Vagengeim (tl); Pockygallery (cla); Iryna Denysova (ca); Terriana (Music notes). **58-59 123RF.com:** Olaf Herschbach (b). **Dreamstime.com:** Vsg Art Stock Photography And Paintings (cb). **60 Dreamstime.com:** Aleksey Boldin / Apple and iPhone are trademarks of Apple Inc., registered in the U.S. and other countries (bl). **61 123RF.com:** Nina Demianenko (br). **62 123RF.com:** Natalia Petrova / artnata (bl/glitter). **Dreamstime.com:** Ambientideas (tl). **63 123RF.com:** Natalia Petrova / artnata (br/glitter). **Dreamstime.com:** Ambientideas (clb, tr). **64 123RF.com:** Laurent Renault (fcra). **Alamy Stock Photo:** Hugh Threlfall (tc). **Dorling Kindersley:** Natural History Museum (cra); Natural History Museum, London (cra/Sapphire). **Dreamstime.com:** Konstantin Kirillov (cl). **64-65 Depositphotos Inc:** Balakleypb (c). **Dorling Kindersley:** Natural History Museum (ca, tc). **65 Dorling Kindersley:** Natural History Museum, London (cla/topaz, ca). **66 Alamy Stock Photo:** J Marshall - Tribaleye Images (tl). **Dorling Kindersley:** Cairo Museum (bl); Gary Ombler / University of Pennsylvania Museum of Archaeology and Anthropology (tc); Ure Museum of Greek Archaeology, University of Reading (cb). **Getty Images:** DEA / S. Vannini / De Agostini (bl/Pectoral). **66-67 Alamy Stock Photo:** Heritage Image Partnership Ltd (c). **Dorling Kindersley:** Cairo Museum (b). **70 Cassie Wagler:** (cr). **Getty Images:** Carol Yepes (br). iStockphoto.com: Podulka (cra). **71 Cassie Wagler:** (clb, bc). **Getty Images:** Juan Jimenez / EyeEm (cl). **72 123RF.com:** Nazarnj (cla). **Dreamstime.com:** Guy Sagi / Gsagi13 (bl); Igor Korionov (tl); Mustafanc (clb); Kati Molin / Molka (br). **72-73 123RF.com:** Bernd Schmidt (cb). **92 123RF.com:** Nina Demianenko (bc). **Dreamstime.com:** Guy Sagi / Gsagi13 (bl)

All other images © Dorling Kindersley
For further information see:
www.dkimages.com

插画师简介

蒂基·帕皮尔

她天生爱冒险，是个极具创作热情的插画师，业余喜欢时装设计，平日里总是会带上自己的这些亲密小伙伴——世界顶级时尚的纸片娃娃，到世界各地旅行。

每次旅行，蒂基·帕皮尔都会带上一大盒子笔和一把小剪刀，来为她“怎么变装都时髦”的纸片娃娃设计新装扮。

从墨西哥城到巴黎，再到街角小店，蒂基总能发现灵感之源！